Lecture Notes in Mathematics

Edited by A. Dold, Heidelberg and B. Eckmann, Zürich

367

Klaus Langmann
Werner Lütkebohmert
Westfälische Wilhelms-Universität, Münster/BRD

Cousinverteilungen und Fortsetzungssätze

Springer-Verlag
Berlin · Heidelberg · New York 1974

AMS Subject Classifications (1970): 32-02, 32C35, 32D15,
32D99, 32E25, 32E99

ISBN 3-540-06683-7 Springer-Verlag Berlin · Heidelberg · New York
ISBN 0-387-06683-7 Springer-Verlag New York · Heidelberg · Berlin

Offsetdruck: Julius Beltz, Hemsbach/Bergstr.

V o r w o r t

In dieser Arbeit möchten wir eine Einführung in die Theorie der M-kohärenten Garben geben. Vorausgesetzt werden einige Kenntnisse aus der Funktionentheorie mehrerer komplexer Veränderlicher (etwa im Umfang von Gunning-Rossi's "Analytic functions of several complex variables") und aus der kommutativen Algebra (etwa Serre's "Algêbre locale, Multiplicités").

§1 stellt die grundlegenden Sätze und Definitionen bereit: Sei $\mathcal{M}$ eine kohärente Garbe auf einem analytischen Raum G mit der Strukturgarbe $\mathcal{O}$, weiterhin sei $R \subset \Gamma(G,\mathcal{O})$ ein fest gewählter analytischer Unterring und $M \subset \Gamma(G,\mathcal{M})$ ein fester R-Untermodul. Eine kohärente Untergarbe $\mathcal{N} \subset \mathcal{M}$ heißt dann M-kohärent, wenn jeder Halm $\mathcal{N}_z$ für jedes $z \in G$ sich durch Elemente aus M erzeugen läßt.

In §2 beweisen wir ein Theorem A für M-kohärente Garben $\mathcal{N}$: Wir zeigen, wann die globalen Schnitte der Garbe $\mathcal{N}$, die zusätzlich in M liegen, unsere Garbe $\mathcal{N}$ überall erzeugen. Darüberhinaus werden weitere lokal-global-Probleme behandelt wie etwa die globale Darstellbarkeit einer R-analytischen Menge A durch ein Ideal $\mathfrak{a} \subset R$; dabei bezeichnen wir eine analytische Menge $A \subset G$ als R-analytisch, wenn sie lokal durch ein Ideal in R definiert wird.

§3 behandelt Cousin-II-Verteilungen $\{(U_i,f_i);\ i \in I\}$ über G. Wir untersuchen, wann eine Cousin-II-Verteilung in R (d.h. $f_i \in R$) auch eine Lösungsfunktion $f \in R$ besitzt. Weiter ergeben sich algebraische Kriterien zur Lösbarkeit des klassischen Cousin-II-Problems. Schließlich werden noch Fragen wie etwa die Darstellbarkeit 1-codimensionaler R-analytischer Mengen durch eine einzige Funktion aus R oder die Darstellbarkeit jedes Elementes $f \in R$ als kompakt gleichmäßig konvergentes Produkt $\prod_{i=1}^{\infty} p_i$ mit Primelementen $p_i \in R$ behandelt.

In §4 werden algebraische Eigenschaften von analytischen Moduln M untersucht. Insbesondere interessieren wir uns dafür, wie sich diese bei Ringerweiterungen $R \subset R'$ verhalten. Diese Zusammenhänge sind für den letzten Paragraphen bedeutungsvoll.

§5 behandelt Fortsetzungssätze für M-kohärente Garben: Wann ist eine auf $G' \subset G$ gegebene M-kohärente Garbe $\mathcal{N}' \subset \mathcal{M}|G'$ als M-kohärente Garbe nach G fortsetzbar? Dabei ergeben sich auch Fortsetzungssätze für gewöhnliche kohärente Garben. Darüberhinaus untersuchen wir verwandte Fragestellungen wie etwa das Problem der Fortsetzbarkeit einer R-analytischen Menge $A' \subset G'$ als R-analytische Menge nach G. Zum Schluß fragen wir uns noch, wann eine auf $G' \subset G$ gegebene Cousin-II-Verteilung sogar eine Lösung $f \in \Gamma(G, \mathcal{O})$ hat.

Zu Beginn der Paragraphen §2 - §5 werden jeweils die Grundvoraussetzungen, die in dem entsprechenden Paragraphen durchweg gelten sollen, aufgeführt. Dabei sind die Voraussetzungen so gewählt, daß mit der dann ständig in diesem Paragraphen zugrundeliegenden Situation alle Sätze möglichst einfach formuliert werden können. Das hat natürlich zur Folge, daß für viele Sätze die Voraussetzungen unnötig beschränkend sind; so ist z.B. meistens die Voraussetzung "G Steinsch", "R ein dichter Unterring von $\Gamma(G, \mathcal{O})$ im Sinne der Definition 1.4" usw. unnötig. Auch werden alle Probleme nur im komplex- oder reellanalytischen Fall behandelt, jedoch lassen sich viele Sätze auch im p-adischen Fall umformulieren.

Inhaltsverzeichnis

§ 1 Vorbereitungen

In diesem einleitenden Paragraphen wollen wir zunächst einige wichtige Ergebnisse aus der Theorie der analytischen Räume und aus der Theorie der kohärenten Modulgarben auf Steinschen Räumen zusammenstellen; für die allgemeine Theorie und für die Beweise dieser Sätze verweisen wir auf [5] (chap. VIII). Im Anschluß daran werden wir die grundlegenden Definitionen über analytische Unterringe und Moduln bringen sowie die wichtigsten Sätze darüber beweisen.

A) Analytische Unterringe und Moduln

In dieser Arbeit verstehen wir unter einem analytischen Raum G stets einen reell- oder komplex-analytischen Raum im Sinne von Grauert; es sind also von Null verschiedene nilpotente Schnitte in der Strukturgarbe $\mathcal{O}$ zugelassen. Im wesentlichen beschäftigen wir uns dabei mit Steinschen Räumen G.

Um die Bezeichnungen in dieser Arbeit möglichst einfach zu gestalten, vereinbaren wir folgende Schreibkonvention:
Wenn $\mathcal{M}$ eine kohärente Garbe auf dem Raum G ist, definiert man für beliebige Teilmengen $G' \subset G$ als $\Gamma(G',\mathcal{M})$ den Limes über alle Schnittmoduln $\Gamma(U_i,\mathcal{M})$, wobei U_i eine offene Umgebungsbasis von G' durchläuft. Den Ring $\Gamma(G',\mathcal{O})$ aller auf G' holomorphen Funktionen kürzen wir mit R(G') ab.
Sei für einen Punkt $z \in G$ der Halm der Garbe $\mathcal{M}$ in z mit $\mathcal{M}_z$ bezeichnet. Für eine Teilmenge $M \subset \Gamma(G,\mathcal{M})$ sei $M\mathcal{O}_z \subset \mathcal{M}_z$ der von dem

Bild von M in $\mathcal{M}_z$ erzeugte $\mathcal{O}_z$ - Untermodul, wobei $\mathcal{O}_z$ der Ring aller in z holomorphen Funktionskeime ist. Sinngemäß definieren wir für Teilmengen $G' \subset G$ den $R(G')$ - Modul $MR(G') \subset \Gamma(G',\mathcal{M})$. Umgekehrt sei für einen $\mathcal{O}_z$ - Untermodul $N \subset \mathcal{M}_z$ der "Durchschnitt" $N \cap \Gamma(G,\mathcal{M})$ als das Urbild von N unter dem Restriktionshomomorphismus $\Gamma(G,\mathcal{M}) \longrightarrow \mathcal{M}_z$ definiert. Entsprechend definieren wir wieder für $N \subset \Gamma(G',\mathcal{M})$ den Durchschnitt $N \cap \Gamma(G,\mathcal{M})$.

Für kompakte Teilmengen $K \subset G$ definiert man die holomorph-konvexe Hülle $\hat{K} := \{z \in G; |f(z)| \leq \|f\|_K$ für alle $f \in \Gamma(G,\mathcal{O})\}$, wobei $\|f\|_K = \mathrm{Max}\{|f(z)|\ ;\ z \in K\}$ sein soll. Wenn G Steinsch ist, ist $\hat{K}$ auch wieder kompakt. Für Kompakta $K = \hat{K}$ in einem Steinschem Raum G gilt folgender Approximationssatz:

<u>Satz 1.1:</u> Ist G ein Steinscher Raum und $K = \hat{K}$ eine kompakte Teilmenge, so existiert zu jedem $f \in R(K)$ und jedem $\varepsilon > 0$ ein $g \in R(G)$ mit $\|f - g\|_K < \varepsilon$.

Weiterhin gelten folgende wichtige Sätze, durch deren Aussagen man Steinsche Räume umgekehrt auch charakterisieren kann:

<u>Satz 1.2:</u> <u>(Cartan's Theorem A und B)</u>

Ist G ein Steinscher Raum, $\mathcal{M}$ eine kohärente Garbe auf G, so gilt:

A) Das Bild des kanonischen Morphismus $\Gamma(G,\mathcal{M}) \longrightarrow \mathcal{M}_z$ erzeugt $\mathcal{M}_z$ über $\mathcal{O}_z$ für alle $z \in G$.

B) Die höheren Kohomologiegruppen verschwinden alle: $H^i(G,\mathcal{M}) = 0$ für alle $i \geq 1$.

Wir erwähnen noch, daß jede Teilmenge $N \subset \Gamma(G,\mathcal{M})$ kanonisch eine kohärente Garbe $\mathcal{N} \subset \mathcal{M}$ mit $\mathcal{N}_z = N\mathcal{O}_z$ erzeugt. Diese Garbe schreiben wir oft als $\mathcal{O}N$. Theorem A kann dann so formuliert werden: Die vom Modul $\Gamma(G,\mathcal{M})$ erzeugte Untergarbe $\mathcal{O}\Gamma(G,\mathcal{M})$ ist gleich der Ausgangsgarbe $\mathcal{M}$.

Wir beweisen jetzt folgenden bekannten Satz:

<u>Satz 1.3:</u> Sie G ein Steinscher Raum und $\mathcal{M}$ eine kohärente Garbe auf G. Ist $N \subset \Gamma(G,\mathcal{M})$ ein endlich erzeugbarer R(G)-Untermodul, und ist $m \in \Gamma(G,\mathcal{M})$, so folgt aus $m \in N\mathcal{O}_z$ für alle $z \in G$ schon $m \in N$.

<u>Beweis:</u> Sei $N = R(G)\cdot(n_1,\ldots,n_r)$. Dann ist der kanonische Morphismus $\mathcal{O}^r \longrightarrow \mathcal{O}N$, der die kanonische Basis von $\mathcal{O}^r$ auf $\{n_1,\ldots,n_r\}$ abbildet, ein surjektiver Garbenmorphismus; nach Theorem B ist dann $\Gamma(G,\mathcal{O}^r) = (\Gamma(G,\mathcal{O}))^r \longrightarrow \Gamma(G,\mathcal{O}N)$ surjektiv. Also gilt $\Gamma(G,\mathcal{O}N) = N$.

Diese Eigenschaft globaler Schnittflächenmoduln ist der Ausgangspunkt aller weiteren Überlegungen; allgemeiner werden wir in dieser Arbeit analytische Moduln betrachten, die diese Eigenschaft besitzen. Dazu bringen wir zunächst folgende Definition (in der wir als gemeinsame Nullstelle einer Teilmenge $\mathfrak{a} \subset R(G')$ die Menge $\{z \in G';\ f(z) = 0 \text{ für alle } f \in \mathfrak{a}\}$ bezeichnen):

<u>Definition 1.4:</u> Sei G ein analytischer Raum und $G' \subset G$ sei eine <u>beliebige</u> Teilmenge.

a) Ein analytischer Ring R zur Menge G' ist ein Unterring $R \subset R(G')$ (der im reellanalytischen Fall den Körper $\mathbb{R}$ und im komplexanalytischen Fall $\mathbb{C}$ enthalten soll), in dem für jedes $z_o \in G'$ ein endlich erzeugtes Ideal $\mathfrak{a} = \mathfrak{a}(z_o) \subset R$ existiert, so daß z_o die einzige gemeinsame Nullstelle von $\mathfrak{a}$ ist und $\mathfrak{a}$ das maximale Ideal $\mathfrak{m}(\mathcal{O}_{z_o})$ von $\mathcal{O}_{z_o}$ erzeugt:

$$\mathfrak{a}\,\mathcal{O}_z = \mathcal{O}_z \text{ für } z \neq z_o \text{ und } \mathfrak{a}\,\mathcal{O}_{z_o} = \mathfrak{m}(\mathcal{O}_{z_o})$$

b) Ein analytischer R-Modul M zur Menge G' ist ein R-Untermodul $M \subset \Gamma(G',\mathcal{M})$ eines globalen Schnittflächenmoduls einer beliebigen kohärenten Garbe auf G.

Im folgenden bezeichnen wir immer mit G' beliebige Teilmengen des Raumes G. $\mathcal{M}$ sei stets eine kohärente Garbe auf G, und R bzw. M seien immer analytische Ringe bzw. Moduln (wenn wir $R \subset R(G')$ bzw. $M \subset \Gamma(G',\mathcal{M})$ schreiben, seien R bzw. M analytisch zur Teilmenge G'; andernfalls immer analytisch zum Raum G selbst). In den meisten der folgenden Sätze genügte es übrigens, für R vorauszusetzen, daß zu jedem $z_o \in G'$ ein Ideal $\mathfrak{a} = \mathfrak{a}(z_o) \subset R$ mit $\mathfrak{a}\mathcal{O}_{z_o} = \mathfrak{m}(\mathcal{O}_{z_o})$ existiert. Manchmal bezeichnen wir in analytischen Ringen $R \subset R(G')$ für $z_o \in G'$ mit $\mathfrak{m}(z_o)$ das maximale Verschwindungsideal $\{f \in R;\ f(z_o) = 0\}$; natürlich ist dann wegen 1.4 a) auch $\mathfrak{m}(z_o)\mathcal{O}_z = \mathcal{O}_z$ für $z \neq z_o$ sowie $\mathfrak{m}(z_o)\mathcal{O}_{z_o} = \mathfrak{m}(\mathcal{O}_{z_o})$.

Die Klasse der in 1.4 zugelassenen Ringe und Moduln ist selbstverständlich außerordentlich groß (für weitergehende Aussagen viel zu groß). Wenn G ein in einer offenen Teilmenge des $\mathbb{C}^n$ bzw. $\mathbb{R}^n$ eingebetteter Raum ist, gehören nämlich alle Unterringe $R \subset R(G)$ dazu, die den "Polynomring auf G" (der als Faktorring des freien Polynomrings von n Variablen über $\mathbb{C}$ bzw. $\mathbb{R}$ definiert wird) enthalten.

Natürlich ist auch für jeden Steinschen Raum G der Ring $R = R(G)$ ein analytischer Ring, da nach [2] (Satz 5.4) für alle $z_o \in G$ das maximale Ideal $\mathfrak{m}(z_o) = \{f \in R;\ f(z_o) = 0\}$ endlich erzeugt ist und nach Theorem A auch $\mathfrak{m}(z_o)\mathcal{O}_z = \mathcal{O}_z$ für $z \neq z_o$ sowie $\mathfrak{m}(z_o)\mathcal{O}_{z_o} = \mathfrak{m}(\mathcal{O}_{z_o})$ gilt.

Wir können nun die Eigenschaft, die wir in 1.3 für die globalen Schnittflächenmoduln kohärenter Garben auf Steinschen Räumen schon nachgewiesen haben, für beliebige analytische Moduln umgekehrt auch fordern:

Definition 1.5: Ein analytischer R-Modul $M \subset \Gamma(G',\mathcal{M})$ erfüllt die Eigenschaft I bezüglich G', wenn für jeden endlich erzeugten R-Untermodul $N \subset M$ aus $m \in M$ und $m \in N\mathcal{O}_z$ für alle $z \in G'$ schon $m \in N$ folgt.

Wenn M die Eigenschaft I bezüglich G' erfüllt, so hat auch jeder R-Untermodul $N \subset M$ offenbar diese Eigenschaft; jedoch erfüllt R selbst nicht notwendig I bezüglich G'. Wir wollen nun eine entsprechende lokale Eigenschaft definieren. Diese lokale Bedingung wird sich als Abschwächung der obigen globalen Eigenschaft I erweisen. Dazu geben wir zunächst eine abkürzende Bezeichnungsweise für gewisse Lokalisationen, die im folgenden oft verwendet werden:

Definition 1.6: Sei $M \subset \Gamma(G',\mathcal{M})$ ein analytischer R-Modul. $K \subset G'$ sei eine feste Teilmenge. Dann bezeichne R_K den nach $S := \{f \in R;\ f(z) \neq 0 \text{ für alle } z \in K\}$ lokalisierten Ring $S^{-1}R$. MR_K sei der entsprechend lokalisierte Modul. Ist $K = \{z\}$, so bezeichnen wir diese Lokalisation mit R_z bzw. MR_z.

MR_K ist ein analytischer Modul zur Menge K. Wir können nun definieren:

Definition 1.7: Ein analytischer R-Modul $M \subset \Gamma(G', \mathcal{M})$ erfüllt lokal I bezüglich einer Teilmenge $K \subset G'$, wenn für jedes $z \in K$ und jeden endlich erzeugten Untermodul $N \subset M$ aus $m \in M$ und $m \in N\mathcal{O}_z$ schon $m \in NR_z$ folgt.

Die Klasse der Moduln, die lokal die Eigenschaft I erfüllen, ist sehr groß. Sie ist abgeschlossen bezüglich Untermodulbildung, Faktorbildung, direkter Summenbildung und vielen Lokalisationen. Ferner führen Ringerweiterung, Grundkörpererweiterung (Komplexifizierung) und Variablenadjunktion nicht aus dieser Klasse heraus.(Näheres siehe [8]; einige Eigenschaften werden auch unten hergeleitet). Insbesondere gehören also auch endlich erzeugte Moduln über dem Polynomring zu unserer betrachteten Klasse. Der folgende Satz zeigt in Verbindung mit Satz 1.3, daß wir in unserer Klasse auch die gewöhnlichen Schnittmoduln $\Gamma(G, \mathcal{M})$ für Steinsche Räume G erfaßt haben:

Satz 1.8: Erfüllt M die Eigenschaft I bezüglich G', so erfüllt M auch lokal I bezüglich G'.

Beweis: Sei $N \subset M$ ein endlich erzeugter R-Untermodul, z_o ein Punkt aus G'. Es genügt zu zeigen, daß jedes $m \in M$ mit $m \in N\mathcal{O}_{z_o}$ schon in NR_{z_o} liegt. Ist $\mathfrak{a} = \mathfrak{a}(z_o) \subset R$ das endlich erzeugte

Ideal aus Definition 1.4, so ist $P := N + \mathfrak{a}\, m \subset M$ ein endlicher R-Untermodul von M. Wegen $m \in N\mathcal{O}_{z_o}$ und $\mathfrak{a}\,\mathcal{O}_z = \mathcal{O}_z$ für $z \neq z_o$ ist $m \in P\mathcal{O}_z$ für alle $z \in G'$. Also ist $m = n + rm \in P$ für ein $n \in N$ und $r \in \mathfrak{a}$. Dann ist $(1-r)m = n$. Also ist $m \in NR_{z_o}$.

Folgendes Lemma wird im weiteren eine zentrale Rolle für alle algebraischen Untersuchungen spielen:

Lemma 1.9: Ist $z_o \in G'$ und erfüllt M lokal I bezüglich $\{z_o\}$, so ist MR_{z_o} ein noetherscher R_{z_o}-Modul. Insbesondere gilt für jeden R-Untermodul $N \subset M$: $NR_{z_o} = N\mathcal{O}_{z_o} \cap MR_{z_o}$.

Beweis: Ist $N \subset M$ ein R-Untermodul, so ist $N\mathcal{O}_{z_o} \subset M\mathcal{O}_{z_o} \subset \mathcal{M}_{z_o}$ ein endlich erzeugter $\mathcal{O}_{z_o}$-Modul, da $\mathcal{M}_{z_o}$ noethersch über $\mathcal{O}_{z_o}$ ist. Es gibt also $n_1,\dots,n_r \in N$ mit $N\mathcal{O}_{z_o} = (n_1,\dots,n_r)\mathcal{O}_{z_o}$. Da M lokal I bezüglich $\{z_o\}$ erfüllt, gilt dann $NR_{z_o} = (n_1,\dots,n_r)R_{z_o} =$ $= N\mathcal{O}_{z_o} \cap MR_{z_o}$. Also ist MR_{z_o} noethersch.

In dem folgenden Satz heißt ein Unterring $R \subset R(G)$ dicht, wenn für alle kompakten Teilmengen $K \subset G$ und für jedes $\varepsilon > 0$ zu jedem $f \in R(G)$ ein $r \in R$ mit $\|f-r\|_K < \varepsilon$ existiert, wobei $\|f\|_K := \operatorname{Max}\{|f(z)| \,;\, z \in K\}$.

Satz 1.1o: Sei G ein Steinscher Raum, $R \subset R(G)$ ein dichter Unterring und $M \subset \Gamma(G,\mathcal{M})$ ein analytischer R-Modul, der lokal I bezüglich G erfüllt. Für jedes Kompaktum $K = \hat{K} \subset G$ ist dann MR_K ein noetherscher R_K - Modul und MR_K erfüllt I bezüglich K. Es folgt sogar fürjeden R-Untermodul $N \subset M$ aus $m \in M$ und $m \in N\mathcal{O}_z$ für alle

$z \in K$ schon $m \in NR_K$.

Beweis: Wir zeigen zuerst, daß MR_K I bezüglich K erfüllt: Ist $N \subset M$ ein endlicher R-Modul, $m \in M$ und $m \in N\mathcal{O}_z$ für jedes $z \in K$, so ist $m \in NR_z$. Es gibt also zu jedem $z \in K$ ein $a_z \in R$ mit $a_z(z) \neq 0$ und $a_z m \in N$. Ist nun $\mathfrak{a} := \sum_{z \in K} Ra_z$, so hat $\mathfrak{a}$ in K keine Nullstelle. Es gilt nun $\mathfrak{a}R_K = R_K$: Im reellen Fall ist das klar, da K kompakt ist. Im komplexen Fall gilt offenbar $\Gamma(K, \mathcal{O}\mathfrak{a}) = R(K)$. Nach [6] (Theorem 7.2.1) gilt dann $\mathfrak{a}R(K) = R(K)$. Da nach 1.1 R(G) in R(K) und damit R in R(K) dicht liegt, enthält $\mathfrak{a}R_K$ eine Einheit aus R(K). Somit gilt $\mathfrak{a}R_K = R_K$. Nun gilt also $m\mathfrak{a}R_K = mR_K \subset NR_K$, also $m \in NR_K$. Wir zeigen nun, daß MR_K noethersch ist: Jeder Untermodul von MR_K ist von der Form NR_K, wobei $N \subset M$ ein R-Untermodul ist. Dann wird die von N erzeugte, kohärente Garbe $\mathcal{O}N$ über dem Kompaktum K durch endlich viele Schnitte $n_1, \ldots, n_r \in N$ erzeugt. Somit gilt für jedes $m \in N$ $m \in \sum_{i=1}^{r} n_i \mathcal{O}_z$ für jedes $z \in K$. Da MR_K I bezüglich K erfüllt, ist $m \in \sum_{i=1}^{r} n_i R_K$. Also ist $NR_K = \sum_{i=1}^{r} n_i R_K$ endlich erzeugt.

Mit Satz 1.3 und Satz 1.8 folgt nun:

Folgerung 1.11: Ist G ein Steinscher Raum und $\mathcal{M}$ eine kohärente Garbe auf G, dann erfüllt $\Gamma(G, \mathcal{M})$ lokal I bezüglich G. Ferner ist $\Gamma(G, \mathcal{M})(R(G))_K$ für jedes Kompaktum $K = \hat{K}$ noethersch über $(R(G))_K$ und erfüllt I bezüglich K.

Wir wollen nun untersuchen, wie sich die Eigenschaft "lokal I" bei analytischen Ringerweiterungen $R \subset R' \subset \Gamma(G',\mathcal{O})$ verhält, wobei G' eine beliebige Teilmenge eines analytischen Raumes G und $R \subset \Gamma(G,\mathcal{O})$ ein analytischer Ring auf G ist. Ist $M \subset \Gamma(G,\mathcal{M})$, so ist der erweiterte R'-Modul $MR' \subset \Gamma(G',\mathcal{M})$ ein analytischer Modul zur Menge G'. Man kann sich nun fragen, ob auch MR' lokal I erfüllt, wenn M ein R-Modul mit "lokal I" war.

Lemma 1.12: Sei $R \subset R' \subset \Gamma(G',\mathcal{O})$ eine analytische Ringerweiterung, M ein analytischer R-Modul. Wenn M lokal I bezüglich $\{z_o\} \subset G'$ und R' lokal I bezüglich $\{z_o\}$ erfüllen, so erfüllt MR' auch lokal I bezüglich $\{z_o\}$.

Beweis: MR'_{z_o} ist ein noetherscher R'_{z_o}-Modul, da nach 1.9 R'_{z_o} ein noetherscher Ring und MR_{z_o} endlich erzeugt ist. Sei nun $N \subset MR'_{z_o}$ ein R'_{z_o} - Untermodul, $m \in MR'_{z_o}$ und $m \in N\mathcal{O}_{z_o}$. Da das maximale Ideal $\mathfrak{m}(z_o) \subset R$ das maximale Ideal $\mathfrak{m}(\mathcal{O}_{z_o})$ erzeugt, gibt es zu jedem $k \in \mathbb{N}$ ein $n_k \in N$, so daß $m-n_k \in (\mathfrak{m}(z_o))^k M\mathcal{O}_{z_o}$ gilt. Dann ist $m-n_k$ sogar schon in $(\mathfrak{m}(z_o))^k MR'_{z_o}$: Denn es gibt $m_i \in M$ und $a_i \in R'_{z_o}$ mit $m-n_k = \sum m_i a_i$. Da R'_{z_o} die Eigenschaft I erfüllte, existieren Funktionen $r_i \in R_{z_o}$ mit $a_i - r_i \in (\mathfrak{m}(z_o))^k R'_{z_o}$. Dann ist $m-n_k = \sum m_i(a_i-r_i) + \sum m_i r_i$, und es muß deshalb auch $\sum m_i r_i$ aus $(\mathfrak{m}(z_o))^k M\mathcal{O}_{z_o}$ sein. Da aber wegen $r_i \in R_{z_o}$ schon $\sum m_i r_i \in MR_{z_o}$ ist, folgt wegen der Eigenschaft I für MR_{z_o} : $\sum m_i r_i \in (\mathfrak{m}(z_o))^k MR_{z_o}$. Insgesamt haben wir damit $m-n_k =$ $= \sum m_i(a_i-r_i) + \sum m_i r_i \in (\mathfrak{m}(z_o))^k MR'_{z_o}$ gesehen.

Jetzt folgt direkt die Behauptung, da somit

$m \in \bigcap_{k \in \mathbb{N}} (N + (\mathfrak{m}(z_o))^k MR'_{z_o})$ ist und da der letzte Ausdruck nach dem Krullschen Durchschnittssatz gleich N ist, da MR'_{z_o} noethersch ist.

Sei $M \subset \Gamma(G',\mathcal{M})$ wieder ein R-Modul, der lokal I erfüllt. Da wir zum Beweis von Eigenschaften des R-Moduls M manchmal auch Sätze über den Ring R selbst brauchen, die wir nur unter der Voraussetzung "R erfüllt lokal I" beweisen können, ist es von Bedeutung zu wissen, wie sich die Eigenschaft "lokal I" auf den Ring R überträgt. Es ist klar, daß man nur Aussagen über R/Ann M folgern kann. Da wir im allgemeinen nur lokale Aussagen brauchen, genügte es, für diese Zwecke zu wissen, ob $\overline{R_{z_o}} = R_{z_o}/\mathrm{Ann}(MR_{z_o})$ für $z_o \in G'$ lokal I bezüglich $\{z_o\} \subset \overline{Z}$ erfüllt, wobei $\overline{Z}$ der analytische Raum $(\overline{Z},\overline{\mathcal{O}}) =$
$= (\mathrm{Tr}(\mathcal{O}/\mathrm{Ann}\, M\mathcal{O}), \mathcal{O}/\mathrm{Ann}\, M\mathcal{O})$ ist: Da nämlich $\overline{R}_{z_o}$ genau wie R_{z_o} auf MR_{z_o} operiert, könnten wir dann immer o.E. annehmen, daß auch der Ring R lokal I erfüllt. Der folgende Satz zeigt nun, daß die Voraussetzung zu dieser Reduktion tatsächlich gegeben ist; da der Beweis dieses Satzes für das Verständnis dieser Arbeit nicht erforderlich ist, verweisen wir dafür auf [8] (Satz 3.12):

<u>Lemma 1.13:</u> Ist $M \subset \Gamma(G',\mathcal{M})$ ein analytischer R-Modul, der lokal I bezüglich $\{z_o\} \subset G'$ erfüllt, dann erfüllt auch $\overline{R_{z_o}} = R_{z_o}/\mathrm{Ann}(MR_{z_o})$ lokal I bezüglich $\{z_o\} \subset \overline{Z}$, wobei $(\overline{Z},\overline{\mathcal{O}}) =$
$= (\mathrm{Tr}(\mathcal{O}/\mathrm{Ann}\, M\mathcal{O}), \mathcal{O}/\mathrm{Ann}\, M\mathcal{O})$ ist.

B) Primärmoduln

Ein Untermodul $Q \subset M$ eines R-Moduls M heißt primär, wenn jeder

Nullteiler $r \in R$ in M/Q nilpotent ist (wenn es also ein $n \in \mathbb{N}$ mit $r^n M \subset Q$ gibt). Dann ist die Menge $\mathfrak{P} := \{r \in R;\ r$ Nullteiler in $M/Q\}$ ein Primideal in R.
Wenn man z.B. die Existenz von Primärzerlegungen für Untermoduln $N \subset M$ zeigen kann, so kann man sich in Beweisen für Aussagen über solche Untermoduln oft darauf beschränken, daß N selbst ein Primärmodul ist. Diese zusätzliche Annahme erleichtert dann oft die Beweise, da man mit Primärmoduln einfacher rechnen kann. In §4 werden wir die Existenz von Primärzerlegungen für analytische Untermoduln $N \subset M$ mit $N = \overline{N}$ zeigen; dabei ist $\overline{N}$ für einen beliebigen Untermodul $N \subset M$ wie folgt definiert:

<u>Definition 1.14:</u> Sei $M \subset \Gamma(G', \mathcal{M})$ ein analytischer R-Modul zur Teilmenge G' eines Raumes G. $N \subset M$ sei ein Untermodul.

a) $\overline{N} := \{m \in M;\ m \in N\mathcal{O}_z$ für alle $z \in G'\}$

b) $\mathrm{Var}\, N := \{z \in G';\ N\mathcal{O}_z \neq M\mathcal{O}_z\}$

<u>Lemma 1.15:</u> Sei $M \subset \Gamma(G', \mathcal{M})$ ein analytischer R-Modul, der lokal I bezüglich G' erfüllt. Ist $Q \subset M$ ein Primärmodul und $z_o \in \mathrm{Var}\, Q$, so ist jedes $r \in R$ mit $r(z_o) \neq 0$ ein Nichtnullteiler in M/Q.

<u>Beweis:</u> Wäre r ein Nullteiler in M/Q, so gäbe es eine Zahl $n \in \mathbb{N}$ mit $r^n M \subset Q$. Also wäre $r^n M\mathcal{O}_{z_o} \subset Q\mathcal{O}_{z_o}$. Wegen $r(z_o) \neq 0$ wäre $M\mathcal{O}_{z_o} = r^n M\mathcal{O}_{z_o} = Q\mathcal{O}_{z_o}$ ein Widerspruch zu $z_o \in \mathrm{Var}\, Q$.

<u>Lemma 1.16:</u> Sei $M \subset \Gamma(G', \mathcal{M})$ ein analytischer R-Modul, der lokal I bezüglich G' erfüllt. Ist $Q \subset M$ ein Primärmodul und $\mathfrak{P} \subset R$ das Primideal der Nullteiler mod Q, so gilt $\mathrm{Var}\, Q = \mathrm{Var}\, \mathfrak{P}$.

<u>Beweis:</u> Nach dem obigen Lemma gilt Var $Q \subset \mathrm{Var}\, \mathcal{Y}$. Ist nun $z \in G' - \mathrm{Var}\, Q$, so ist $M\mathcal{O}_z = Q\mathcal{O}_z$ und daher $MR_z = QR_z$, da M lokal I erfüllt. Da nun $MR_z = QR_z$ zu $\mathcal{Y}R_z$ primär ist, muß $\mathcal{Y}R_z = R_z$, also auch $\mathcal{Y}\mathcal{O}_z = \mathcal{O}_z$ gelten. Folglich ist $z \notin \mathrm{Var}\, \mathcal{Y}$.

Folgender Satz ist für das weitere sehr wichtig:

<u>Satz 1.17:</u> Sei $M \subset \Gamma(G', \mathcal{M})$ ein analytischer R-Modul, der lokal I bezüglich G' erfüllt. Ist $Q \subset M$ ein Primärmodul, so gilt für jedes $z_o \in \mathrm{Var}\, Q$ schon $Q = \{m \in M;\ m \in Q\mathcal{O}_{z_o}\}$. Insbesondere ist also $Q = \overline{Q}$, wenn Var $Q \neq \emptyset$.

<u>Beweis:</u> Ist $m \in M \cap Q\mathcal{O}_{z_o}$, so ist $m \in QR_{z_o}$ nach 1.9, da M lokal I bezüglich G' erfüllt. Es existiert dann ein $s \in R$ mit $s(z_o) \neq 0$ und $sm \in Q$. Nach 1.15 gilt dann $m \in Q$.

<u>C) Hilbertscher Nullstellensatz</u>

Sei $(G, \mathcal{O})$ ein <u>komplexer</u> analytischer Raum. Wenn $\mathfrak{a} \subset \mathcal{O}_z$ für ein $z \in G$ ein Ideal ist, so definiert $\mathfrak{a}$ einen analytischen Mengenkeim im Punkte z, den wir mit $V(\mathfrak{a})$ bezeichnen wollen. Umgekehrt definiert jeder analytische Mengenkeim A im Punkte z ein Ideal in $\mathcal{O}_z$: $\mathrm{Id}(A) = \{f \in \mathcal{O}_z;\ f|A = 0\}$. Dieses Ideal ist trivialerweise reduziert. Der lokale Hilbertsche Nullstellensatz macht nun eine Aussage über die Korrespondenz zwischen den analytischen Mengenkeimen und den reduzierten Idealen in $\mathcal{O}_z$ (Beweis siehe etwa [5]):

<u>Satz 1.18:</u> <u>(Lokaler Hilbertscher Nullstellensatz)</u>
Sei $(G,\mathcal{O})$ ein komplexer analytischer Raum und $z\in G$. Dann gilt für jedes Ideal $\mathfrak{a}\subset\mathcal{O}_z$
$\mathrm{Id}(V(\mathfrak{a})) = \mathrm{Rad}\,\mathfrak{a} := \{f\in\mathcal{O}_z;\ \exists\ n\in\mathbb{N} \text{ mit } f^n\in\mathfrak{a}\}$.

Wir wollen nun einen entsprechenden Satz für globale analytische Mengen herleiten. Jedes Ideal $\mathfrak{a}\subset R$ definiert eine analytische Menge $\mathrm{Var}\,\mathfrak{a}$,und umgekehrt definiert jede Menge $A\subset G$ ein Ideal $\mathrm{Id}(A) = \{f\in R;\ f(x) = 0\ \forall x\in A\}$. Der folgende Satz liefert eine zu 1.18 entsprechende globale Aussage:

<u>Satz 1.19:</u> Sei $(G,\mathcal{O})$ ein komplex-analytischer Raum. $R\subset R(G)$ sei ein analytischer Ring, der lokal I bezüglich G erfüllt. Für jedes Ideal $\mathfrak{a}\subset R$ gilt dann $\mathrm{Id}(\mathrm{Var}\,\mathfrak{a}) = \overline{\mathrm{Rad}\,\mathfrak{a}}$. Speziell gilt für Primideale $\mathfrak{p}\subset R$ mit $\mathrm{Var}\,\mathfrak{p} \neq \emptyset$: $\mathrm{Id}(\mathrm{Var}\,\mathfrak{p}) = \mathfrak{p}$.

<u>Beweis:</u> Sei $f\in\mathrm{Id}(\mathrm{Var}\,\mathfrak{a})$. Dann ist $f|\mathrm{Var}\,\mathfrak{a} = 0$; nach dem lokalen Hilbertschen Nullstellensatz existiert dann zu jedem $z\in G$ ein $n = n(z)\in\mathbb{N}$ mit $f^n\in\mathfrak{a}\,\mathcal{O}_z$. Da R lokal I bezüglich G erfüllt, ist $f^n\in\mathfrak{a}R_z$ nach 1.9 und somit $f\in\mathrm{Rad}(\mathfrak{a}R_z) = (\mathrm{Rad}\,\mathfrak{a})R_z$ für jedes $z\in G$. Folglich ist $f\in\overline{\mathrm{Rad}\,\mathfrak{a}}$. Die Umkehrung ist trivial. Die Behauptung für Primideale folgt mit 1.17.

<u>Folgerung 1.2o:</u> Ist G ein komplexer Steinscher Raum, so gilt für jedes Ideal $\mathfrak{a}\subset R(G)$ $\mathrm{Id}(\mathrm{Var}\,\mathfrak{a}) = \overline{\mathrm{Rad}\,\mathfrak{a}}$. Speziell gilt für

Primideale $\mathfrak{p} \subset R(G)$ mit $\mathrm{Var}\,\mathfrak{p} \neq \emptyset$: $\mathrm{Id}(\mathrm{Var}\,\mathfrak{p}) = \mathfrak{p}$.

Beweis folgt aus 1.19 mit 1.11.

Da man eine eineindeutige Korrespondenz zwischen den analytischen Mengen und den reduzierten Idealgarben hat, erhält man aus 1.2o mittels Theorem A eine eineindeutige Korrespondenz zwischen den analytischen Mengen in Steinschen Räumen und den reduzierten Idealen $\mathfrak{a} \subset R(G)$ mit $\mathfrak{a} = \overline{\mathfrak{a}}$. Die irreduziblen analytischen Mengen entsprechen dabei den Primidealen $\mathfrak{p} \subset R(G)$ mit $\mathrm{Var}\,\mathfrak{p} \neq \emptyset$.

D) Lokale algebraische Eigenschaften von Unterringen

In diesem Absatz wollen wir untersuchen, wie sich algebraische Eigenschaften der Fasern der Strukturgarbe $\mathcal{O}_z$ auf die Lokalisation R_z eines analytischen Unterringes R übertragen. Als ersten wichtigen Satz werden wir jetzt zeigen, daß die Ringerweiterung $R_z \longrightarrow \mathcal{O}_z$ treuflach ist, wenn R lokal I bezüglich $\{z\} \subset G$ erfüllt.

Lemma 1.21: Sei G' eine Teilmenge des Raumes G. $\mathcal{M}$ sei eine kohärente Garbe auf G und $M \subset \Gamma(G', \mathcal{M})$ sei ein analytischer R-Modul, der lokal I bezüglich $\{z\} \subset G'$ erfüllt. Wenn $\mathfrak{m} = \mathfrak{m}(z) \subset R$ das maximale Ideal aller in z verschwindenden Funktionen ist, so gilt für alle $n \in \mathbb{N}$

$$M/\mathfrak{m}^n M = MR_z/\mathfrak{m}^n MR_z = M\mathcal{O}_z/\mathfrak{m}^n M\mathcal{O}_z$$

Beweis: Für das maximale Ideal $\mathfrak{m}(\mathcal{O}_z)$ von $\mathcal{O}_z$ gilt $\mathfrak{m}(\mathcal{O}_z) = \mathfrak{m}\mathcal{O}_z$. Da $\mathfrak{m}^n M \subset M$ primär ist, gilt nach 1.17 $\mathfrak{m}^n M = M \cap \mathfrak{m}^n M \mathcal{O}_z$. Folglich liegt $M/\mathfrak{m}^n M$ injektiv in $M\mathcal{O}_z/\mathfrak{m}^n M\mathcal{O}_z$. Da jedes Element aus $M\mathcal{O}_z/\mathfrak{m}^n M\mathcal{O}_z$ wegen $\mathfrak{m}(\mathcal{O}_z) = \mathfrak{m}\mathcal{O}_z$ durch die Restklasse eines Elementes $\sum_{i=1}^{r} r_i m_i$ darstellbar ist, wobei r_i aus R und $m_i \in M$ sind, gilt dann $M/\mathfrak{m}^n M = M\mathcal{O}_z/\mathfrak{m}^n M\mathcal{O}_z$. Die weitere Behauptung ist damit trivial.

Satz 1.22: Sei $R \subset R(G')$ ein analytischer Ring, der lokal I bezüglich $\{z\} \subset G'$ erfüllt. Sind $\hat{R}_z$ bzw. $\hat{\mathcal{O}}_z$ die Komplettierungen von R_z bzw. $\mathcal{O}_z$ nach den maximalen Idealen, so gilt:

a) $\hat{R}_z \cong \hat{\mathcal{O}}_z$

b) $R_z \longrightarrow \mathcal{O}_z$ ist treuflach.

Beweis: a) folgt aus 1.21, da R_z nach 1.9 noethersch ist.

b) Da die Erweiterungen $R_z \longrightarrow \hat{R}_z$ und $\mathcal{O}_z \longrightarrow \hat{\mathcal{O}}_z$ treuflach sind, ist nach a) $R_z \longrightarrow \mathcal{O}_z$ treuflach.

Folgerung 1.23: Ist $(G', \mathcal{O}') \subset (G, \mathcal{O})$ ein offener, relativkompakter Unterraum und sind G', G Steinsche Räume, so ist $R(G) \longrightarrow R(G')$ flach.

Beweis: Mittels der Charakterisierung der Flachheit durch den Relationenmodul $\mathrm{Rel}(f_1,\dots,f_n|R(G)) := \{(r_1,\dots,r_n) \in R(G)^n;\ \sum r_i f_i = 0\}$ genügt es zu zeigen, daß für jede endliche Familie $f_1,\dots,f_n \in R(G)$ gilt $\mathrm{Rel}(f_1,\dots,f_n|R(G))R(G') =$

$= \mathrm{Rel}(f_1,\dots,f_n | R(G'))$. Dabei ist die Inklusion "$\subset$" trivial. Da nach 1.11 $R(G)$ und $R(G')$ lokal I bezüglich G' erfüllen, sind die von diesen Moduln über G' erzeugten Garben nach 1.22 b) gleich. Da $G' \subset G$ relativkompakt ist, wird diese Garbe durch endlich viele Schnitte aus $\mathrm{Rel}(f_1,\dots,f_n | R(G))$ über G' erzeugt. Dann sind nach Theorem B die Moduln gleich, da G' Steinsch ist.

Folgerung 1.24: $R \subset R(G')$ erfülle lokal I bezüglich $\{z\} \subset G'$, wobei G' beliebige Teilmenge des Raumes G ist.

a) Wenn $\mathcal{O}_z$ regulär ist, so ist R_z regulär.

b) Wenn $\mathcal{O}_z$ ein Cohen-Macaulay-Ring ist, so ist R_z Cohen-Macaulay-Ring.

c) Wenn $\mathcal{O}_z$ faktoriell ist, so ist R_z faktoriell.

Beweis: Nach 1.9 ist R_z noethersch. Mittels 1.22 folgt dann a) aus [16] (IV-41, Prop. 24) und b) aus [16] (IV-18, Prop. 10).

c) Es genügt zu zeigen, daß für alle $f,g \in R_z$ $\mathfrak{a} = R_z f \cap R_z g$ ein Hauptideal ist. Nach 1.22 gilt nun $\mathfrak{a}\mathcal{O}_z = \mathcal{O}_z f \cap \mathcal{O}_z g$. Da $\mathcal{O}_z$ faktoriell ist, ist $\mathfrak{a}\mathcal{O}_z$ ein Hauptideal. Da $\mathcal{O}_z$ lokaler Ring ist, gibt es dann ein $a \in \mathfrak{a}$ mit $\mathfrak{a}\mathcal{O}_z = a\mathcal{O}_z$; folglich ist $\mathfrak{a} = aR_z$, weil R lokal I bezüglich $\{z\}$ erfüllt.

Folgerung 1.25: Sei $R \subset R(G')$ ein analytischer Ring, der lokal I bezüglich G' erfüllt. $\mathcal{O}_z$ sei für alle $z \in G'$ faktoriell. Wenn $\mathfrak{q} \subset R$ ein Primärideal mit $\mathrm{Var}\,\mathfrak{q} \neq \emptyset$ der Höhe 1 ist (d.h. $R_{\mathfrak{p}}$ für $\mathfrak{p} = \mathrm{Rad}\,\mathfrak{q}$ hat die Krulldimension 1), so gilt $\mathfrak{q} = \overline{(\mathrm{Rad}\,\mathfrak{q})^n}$ für ein $n \in \mathbb{N}$.

Beweis: Da R_z nach 1.24 faktoriell ist, gilt wegen dim $R_{\mathcal{G}} = 1$ $\mathcal{O}\!\!\!\!\mathcal{J} R_z = \mathcal{G}^n R_z$ für $n = n(z) \in \mathbb{N}$ für jedes $z \in \text{Var}\,\mathcal{J}$. Sei nun $n_o = n(z_o)$ minimal in $\{n(z);\ z \in \text{Var}\,\mathcal{J}\}$. Nach 1.17 gilt dann $\mathcal{G}^{n_o} \subset \mathcal{J}$. Also gilt für alle $z \in G'$ $\mathcal{G}^{n_o} R_z = \mathcal{J} R_z$; folglich ist $\mathcal{J} = \overline{\mathcal{G}^{n_o}}$.

Wir wollen nun zeigen, daß sich auch die Normalität von $\mathcal{O}_z$ auf R_z überträgt, wenn R lokal I bezüglich $\{z\}$ erfüllt.

Lemma 1.26: Erfüllt $R \subset R(G')$ lokal I bezüglich $\{z\} \subset G'$ und ist $\mathcal{O}_z$ normal, so ist auch R_z normal.

Beweis: Ist $f/g \in Q(R_z)$ und ganz über R_z, so ist $f/g \in Q(\mathcal{O}_z)$ ganz über $\mathcal{O}_z$. Also ist $f \in g\mathcal{O}_z$, da $\mathcal{O}_z$ normal ist. Da R lokal I bezüglich $\{z\}$ erfüllt, ist $f \in gR_z$, also $f/g \in R_z$.

Folgerung 1.27: a) Erfüllt der dichte Unterring $R \subset R(G)$ lokal I bezüglich einem Steinschen Raum G und ist $\mathcal{O}_z$ für alle $z \in G$ normal, so ist R_K für alle Kompakta $K = \hat{K} \subset G$ normal.
b) Erfüllt R I bezüglich G und ist $\mathcal{O}_z$ für alle $z \in G$ normal, so ist R normal.

Beweis: b) Ist $f/g \in Q(R)$ und ganz über R, so gilt nach 1.26 $f \in g\mathcal{O}_z$ für alle $z \in G$, also $f \in Rg$, da R I erfüllt. a) folgt genauso, da R_K nach 1.lo I bezüglich K erfüllt.

In der Theorie der Cousinverteilungen brauchen wir später noch folgendes Lemma:

Lemma 1.28: Sei G ein Steinscher Raum und $R \subset R(G)$ ein dichter analytischer Unterring, der lokal I bezüglich G erfüllt. $K = \hat{K} \subset G$ sei eine kompakte Teilmenge von G. Wenn für ein Ideal $\mathfrak{a} \subset R_K$ das erweiterte Ideal $\mathfrak{a}R(K)$ ein Hauptideal ist, so ist $\mathfrak{a}$ ein Hauptideal.

Beweis: Nach 1.10 ist R_K noethersch. Also gilt $\mathfrak{a} = (a_1,\dots,a_n)R_K$. Wenn $\mathfrak{a}R(K) = xR(K)$ ist, so gibt es Funktionen $g_i, f_i \in R(K)$ mit $a_i = f_i x$ und $x = \sum_{i=1}^{n} g_i a_i$. Dann gilt $x = (\sum_{i=1}^{n} g_i f_i)x$; also $1 = \sum_{i=1}^{n} g_i f_i + g$, wobei $g \in R(K)$ und $gx = 0$ gilt. Nach 1.1 gibt es dann Funktionen $r_i \in R$, so daß $g + \sum_{i=1}^{n} r_i f_i$ in R(K) Einheit ist. Setzt man nun $y = \sum_{i=1}^{n} r_i a_i \in \mathfrak{a}$, so gilt $\mathfrak{a} = yR_K$: Da R_K nach 1.10 I bezüglich K erfüllt, genügt es, $yR(K) = xR(K)$ nachzuweisen. Da $y = \sum_{i=1}^{n} r_i a_i = (\sum_{i=1}^{n} r_i f_i)x = (g + \sum_{i=1}^{n} r_i f_i)x$ und $g + \sum_{i=1}^{n} r_i f_i$ in R(K) Einheit ist, folgt die Behauptung.

E) Topologische globale Moduln

Im komplex-analytischen Fall kann man für kohärente Garben $\mathcal{M}$ auf einem analytischen Raum G in dem Schnittmodul $\Gamma(G,\mathcal{M})$ eine kanonische Frechettopologie definieren; im Ring $\Gamma(G,\mathcal{O})$ stimmt diese mit der gewöhnlichen Topologie der kompakt gleichmäßigen Konvergenz überein (siehe [5]). Wenn nun M ein analytischer R-Modul ist, hat M als Teilmenge von $\Gamma(G,\mathcal{M})$ auch eine wohldefinierte Topologie (die natürlich im allgemeinen keine Frechettopologie mehr ist). Wir wollen nun zeigen, daß gerade die Untermoduln $N = \overline{N} \subset M$ (zur Definition von $\overline{N}$ siehe 1.14) abgeschlossen bezüglich dieser Topologie sind.

Hilfssatz 1.29: Ist $M \subset \Gamma(G,\mathcal{M})$ ein analytischer R-Modul, der lokal I bezüglich G erfüllt, so sind für einen R-Untermodul $N \subset M$ äquivalent:

a) $N = \overline{N}$

b) Es ist $N = \bigcap_{z \in G} \bigcap_{n \in \mathbb{N}} (N+(\mathfrak{m}(z))^n M)$, wobei $\mathfrak{m}(z) \subset R$ das maximale Ideal aller in z verschwindenden Funktionen aus R ist.

Beweis: a)$\longrightarrow$b) Weil MR_z nach 1.9 noethersch ist, gilt nach dem Krullschen Durchschnittssatz $NR_z = \bigcap_{n \in \mathbb{N}} (NR_z + (\mathfrak{m}(z))^n MR_z)$. Wegen $N = \overline{N}$ gilt dann $N = \bigcap_{z \in G} (NR_z \cap M) = \bigcap_{z \in G} \bigcap_{n \in \mathbb{N}} (N+(\mathfrak{m}(z))^n M)$.

b)$\longrightarrow$a) Offenbar ist $N+(\mathfrak{m}(z))^n M$ entweder gleich M oder ein Primärmodul mit nichtleerer Varietät. Also gilt nach 1.17 $N+(\mathfrak{m}(z))^n M = \overline{N+(\mathfrak{m}(z))^n M}$. Somit gilt $N = \overline{N}$.

Folgender Satz macht eine Abgeschlossenheitsaussage, wenn M und R beliebige Frechettopologien tragen:

Satz 1.3o: Sei $M \subset \Gamma(G,\mathcal{M})$ ein analytischer R-Modul, der I bezüglich G erfüllt. M und R seien auf irgendeine Weise Frecheträume, so daß die Skalarmultiplikation $R \times M \longrightarrow M$ stetig ist und so daß die maximalen Ideale $\mathfrak{m}(z) := \{ f \in R;\ f(z) = o\}$ für alle $z \in G$ abgeschlossen sind. Dann ist jeder Untermodul $N = \overline{N} \subset M$ abgeschlossen bezüglich dieser Frechettopologie.

<u>Beweis:</u> Nach 1.29 brauchen wir die Behauptung nur für Untermoduln $N \supset \mathfrak{m}^n M$ zu zeigen, wobei $\mathfrak{m} = \mathfrak{m}(z_o)$ für ein $z_o \in G$ ist. Wegen $M/\mathfrak{m}^n M \cong$ $\cong MR_{z_o}/\mathfrak{m}^n MR_{z_o}$ ist $M/\mathfrak{m}^n M$ nach 1.9 ein noetherscher R-Modul. Wenn wir nun annehmen, daß die Behauptung des Satzes falsch ist, so gibt es einen maximalen Untermodul $N \supset \mathfrak{m}^n M$, der nicht abgeschlossen in dieser Frechettopologie ist. Da N offenbar zu $\mathfrak{m}$ primär ist, gilt nach 1.17 $N = \overline{N}$. Ferner existiert ein Untermodul $N^* \supsetneq N$, so daß zwischen N und N^* kein weiterer Modul liegt. Es ist nun für gewisse Elemente $n_i \in M$ $N = \mathfrak{m}^n M + (n_1,\dots,n_r)R$ und $N^* = N + n_o R$. Da nach Definition 1.4 ein endlich erzeugtes Ideal $\mathfrak{a} = \mathfrak{a}(z_o) \subset \mathfrak{m}(z_o) = \mathfrak{m}$ mit $\mathfrak{a}\mathcal{O}_z = \mathcal{O}_z$ für $z \neq z_o$ und $\mathfrak{a}\mathcal{O}_{z_o} = \mathfrak{m}(\mathcal{O}_{z_o})$ existiert, ist für jedes $m \in M$ stets $m\mathfrak{a}\mathcal{O}_z = m\mathfrak{m}\mathcal{O}_z$ für alle $z \in G$. Da $m\mathfrak{a}$ ein endlich erzeugter Untermodul von M ist, folgt wegen der Eigenschaft I schon $m\mathfrak{m} \subset m\mathfrak{a}$. Für jedes $m \in M$ ist also $m\mathfrak{m} = m\mathfrak{a}$. Dann ist für unsere natürliche Zahl n auch $\mathfrak{m}^n M = \mathfrak{a}^n M$.

Da $\mathfrak{a}$ endlich erzeugbar ist, gibt es $a_i \in \mathfrak{a}^n$ mit $\mathfrak{a}^n = R(a_1,\dots,a_s)$. Definiere nun die Abbildung $f\colon M^s x R^{r+1} \longrightarrow N^*$ durch

$f(m_1,\dots,m_s,x_o,\dots,x_r) = \sum_{i=1}^{s} a_i m_i + \sum_{i=0}^{r} x_i n_i$. Wenn man $F\colon = M^s x R^{r+1}$ auf die übliche Weise zu einem Frechetraum macht, so ist $f\colon F \longrightarrow N^*$ eine stetige, surjektive Abbildung zwischen zwei Frecheträumen (da N^* wegen der Maximalität von N abgeschlossen in M liegt, ist auch N^* Frechetraum). Dann ist f eine offene Abbildung.

Nun ist $\mathfrak{m}N^* \subset N$: Andernfalls wäre $N^* = \mathfrak{m}N^* + N$; nach dem Lemma von Nakayama wäre dann $N^*R_{z_o} = NR_{z_o}$ und $N^*R_z = MR_z = NR_z$ für alle $z \neq z_o$, folglich wäre wegen $N = \overline{N}$ schon $N^* = N$ im Widerspruch zu $N^* \supsetneq N$.

Somit ist $f(M^s x \mathfrak{m} x R^r) = N$. Dann ist auch $f^{-1}(N) = M^s x \mathfrak{m} x R^r$ und somit

$f(F-M^s \times \mathfrak{m} \times R^r) = N^* - N$. Da f eine offene Abbildung ist, müßte jetzt auch $N^* - N$ offen sein. Damit wäre also N abgeschlossen in N^* und damit auch abgeschlossen in M.

Wenn die maximalen Ideale $\mathfrak{m}(z) \subset R$ für alle $z \in G$ endlich erzeugt sind, genügt übrigens sowohl in 1.3o wie auch in den nachstehenden Sätzen 1.31 und 1.32 die Eigenschaft "lokal I" statt der stärkeren Forderung "Eigenschaft I".

Folgerung 1.31: Sei $R \subset R(G)$ ein analytischer Ring, der I bezüglich G erfüllt. R sei auf irgendeine Weise eine Frechetalgebra. Genau dann sind alle Ideale $\mathfrak{a} = \overline{\mathfrak{a}} \subset R$ abgeschlossen bezüglich dieser Frechettopologie, wenn die maximalen Ideale $\mathfrak{m}(z)$ für alle $z \in G$ abgeschlossen sind.

Insbesondere folgt aus Satz 1.3o, daß in komplexen Steinschen Räumen G die globalen Schnittflächenmoduln $\Gamma(G,\mathcal{N}) \subset \Gamma(G,\mathcal{M})$ von kohärenten Untergarben $\mathcal{N} \subset \mathcal{M}$ abgeschlossen in $\Gamma(G,\mathcal{M})$ bezüglich der kanonischen Frechettopologie auf $\Gamma(G,\mathcal{M})$ ist. Im folgenden Satz zeigen wir nun die Umkehrung:

Satz 1.32: Sei G ein komplexer Steinscher Raum und $R \subset R(G)$ ein dichter Unterring. Ist $M \subset \Gamma(G,\mathcal{M})$ ein analytischer R-Modul, der I bezüglich G erfüllt, so sind für einen R-Untermodul $N \subset M$ äquivalent:

a) $N = \overline{N}$

b) N ist abgeschlossen bezüglich der Relativtopologie von $\Gamma(G,\mathcal{M})$.

Beweis: a)$\longrightarrow$b): Ist $\mathcal{O}N$ die von N in $\mathcal{M}$ erzeugte Untergarbe, so ist $\Gamma(G,\mathcal{O}N) \subset \Gamma(G,\mathcal{M})$ nach 1.30 abgeschlossen. Wegen $N = \overline{N}$ ist dann $N = M \cap \Gamma(G,\mathcal{O}N)$. Somit ist N in M abgeschlossen.

b)$\longrightarrow$a) Ist $m \in \overline{N}$, so ist $m \in NR_K$ nach 1.10 für jedes Kompaktum $K = \hat{K} \subset G$. Es existiert also ein $s \in R$ mit $sm = n \in N$ und $s(z) \neq 0$ für alle $z \in K$. Dann ist s in R(K) invertierbar; es gibt also ein $t \in R(K)$ mit $st = 1$ in R(K). Da R in R(G) dicht liegt, kann man t durch Elemente $r \in R$ nach 1.1 beliebig gut approximieren. Folglich gibt es Elemente $rn \in N$, die m beliebig gut approximieren. Also ist N in $\overline{N}$ dicht. Da N abgeschlossen ist, gilt $N = \overline{N}$.

Mit 1.29 können wir leicht zeigen: Ist M endlich erzeugter R-Modul mit der Eigenschaft I, so sind die Untermoduln $N = \overline{N}$ gerade die Durchschnitte von endlich erzeugten Untermoduln; genauer gilt für einen Untermodul $N \subset M$ stets $\overline{N} = \bigcap N_i$, wobei der Durchschnitt über alle endlich erzeugten Untermoduln $N_i \supset N$ läuft. Insbesondere können wir somit im komplex-analytischen Fall also den topologischen Abschluß des Untermoduls N leicht charakterisieren, da dann dieser Abschluß nach Satz 1.32 gleich $\overline{N}$ ist.

§ 2 Theorem A für Unterringe

Zunächst wollen wir zwei Beispiele geben, die typisch für die Fragestellungen dieses Paragraphen sein werden; dabei sei G eine offene Menge im $\mathbb{C}^n$ und $\mathcal{O}$ die Garbe der holomorphen Funktionen:

Beispiel 1: Sei $\mathcal{J} \subset \mathcal{O}$ eine kohärente Idealgarbe über G, in der jeder Halm $\mathcal{J}_z$ durch Polynome erzeugt wird. Erzeugen dann auch globale Schnitte, die zudem Polynome sind, die Garbe $\mathcal{J}$ überall?

Beispiel 2: Sei $A \subset G$ eine analytische Menge, die lokal durch Polynome beschrieben wird. Gibt es dann auch Polynome, die A global definieren?

Setzt man in Beispiel 2 $A = \mathbb{Z}$ und $G = \mathbb{C}$, so sieht man sofort, daß man noch zusätzliche Bedingungen stellen muß, um obige Frage positiv beantworten zu können. Allgemeiner werden wir in diesem Paragraphen untersuchen, unter welchen hinreichenden und notwendigen Bedingungen etwa kohärente Modulgarben durch globale Schnitte erzeugt werden, die bestimmten Bedingungen unterliegen.

Wenn wir ein Theorem A für Unterringe R des Ringes R(G) der auf G holomorphen Funktionen herleiten wollen, müssen wir uns selbstverständlich auf geeignete kohärente Garben beschränken, da beliebige Garben $\mathcal{N}$ auf G keine Beziehung zu einem vorgegebenen Unterring R haben. Entsprechend Beispiel 1 muß man Bedingungen an die Halme $\mathcal{N}_z$ der auf G kohärenten Garbe stellen, um überhaupt obige Fragen allgemein stellen zu können.

In diesem Paragraphen machen wir stets folgende

Voraussetzungen: $(G,\mathcal{O})$ sei ein reeller oder komplexer Steinscher Raum, und $R \subset R(G)$ sei ein dichter Unterring im Sinne von 1.4. $\mathcal{M}$ sei eine kohärente Modulgarbe und $M \subset \Gamma(G,\mathcal{M})$ ein analytischer R-Modul, der lokal I bezüglich G erfüllt.

Übrigens wird in den meisten Fällen (z.B. der ganze Abschnitt A) und B)) die Voraussetzung "G Steinsch und $R \subset R(G)$ dicht" nicht wirklich benötigt.

A) M-kohärente Garben und Modulverteilungen

Wir wollen nun kohärente Untergarben $\mathcal{N} \subset \mathcal{M}$ definieren, für die wir das zu Beispiel 1 entsprechende Problem formulieren können:

Definition 2.1: Eine kohärente Untergarbe $\mathcal{N} \subset \mathcal{M}$ heißt M-kohärent, wenn sich jeder Halm $\mathcal{N}_z$ durch Elemente aus M für jedes $z \in G$ erzeugen läßt.

Jeder Halm $\mathcal{N}_z$ einer M-kohärenten Garbe $\mathcal{N}$ läßt sich also durch globale Schnittflächen einer größeren Garbe $\mathcal{M}$ erzeugen, wobei diese Schnitte noch zusätzlich in M liegen. Theorem A soll nun eine Aussage darüber machen, wann man solche Schnitte schon in $\mathcal{N}$ finden kann. Wir fragen uns also, wann die globalen Schnitte aus $\mathcal{N}$ über G, die in M liegen, die Garbe $\mathcal{N}$ überall erzeugen.
Wir können den Begriff der M-kohärenten Garbe auch noch anders formulieren in der Sprache der Modulverteilungen:

Definition 2.2: Eine Modulverteilung $\{(U_i, M_i);\ i \in I\}$ in M besteht aus einer offenen Überdeckung $\{U_i;\ i \in I\}$ von G und einer Familie $\{M_i;\ i \in I\}$ von Untermoduln $M_i \subset M$, so daß $M_i \mathcal{O}_z = M_j \mathcal{O}_z$ für alle $z \in U_i \cap U_j$ gilt; dabei sei $M_i \mathcal{O}_z$ die Faser der von $M_i \subset \Gamma(G, \mathcal{M})$ erzeugten kohärenten Garbe im Punkte $z \in G$.

Eine Modulverteilung im Ring R nennen wir manchmal auch eine Idealverteilung. Das folgende Lemma stellt nun die Äquivalenz der beiden Definitionen 2.1 und 2.2 her:

Lemma 2.3: Jede Modulverteilung $\{(U_i, M_i);\ i \in I\}$ in M liefert kanonisch eine M-kohärente Garbe, und jede M-kohärente Garbe $\mathcal{N}$ liefert eine Modulverteilung, bei der die Moduln $M_i \subset M$ sogar als endlich erzeugbar gewählt werden können.

Beweis: Ist $\mathcal{N}$ M-kohärent, so gibt es zu jedem $z \in G$ einen endlichen Untermodul $M(z) \subset M$ mit $\mathcal{N}_z = M(z)\,\mathcal{O}_z$. Wegen der Kohärenz von $\mathcal{N}$ und $\mathcal{M}$ existiert dann eine Umgebung $U(z)$, so daß $\mathcal{N}_x = M(z)\,\mathcal{O}_x$ für alle $x \in U(z)$ gilt. Für die andere Behauptung definiere $\mathcal{N}$ durch $\mathcal{N}_z = M_i \mathcal{O}_z$ für alle $z \in U_i$ und alle $i \in I$.

Somit können wir ganz äquivalent anstatt von M-kohärenten Garben auch von Modulverteilungen in M sprechen und alle Sätze über M-kohärente Garben zu Sätzen über Modulverteilungen umformulieren und umgekehrt. Die Aussage, daß eine M-kohärente Garbe $\mathcal{N}$ sich durch globale Schnitte, die in M liegen, erzeugen läßt, können wir in der Terminologie der Modulverteilungen so umformulieren:

Es gibt einen Untermodul $N \subset M$, so daß $N\mathcal{O}_z = N_i\mathcal{O}_z$ für alle $z \in U_i$ und alle $i \in I$ gilt, wobei $\{(U_i,N_i);\ i \in I\}$ eine zu $\mathcal{N}$ assoziierte Modulverteilung (die nach 2.3 konstruiert wird) ist. Einen solchen Untermodul N nennen wir eine Lösung der Modulverteilung $\{(U_i,N_i);\ i \in I\}$. "Theorem A für Unterringe" kann also so formuliert werden: Hat jede Modulverteilung in M eine Lösung?

Wir haben hier die Terminologie der Modulverteilungen eingeführt, weil sie bei algebraischen Beweisen funktionentheoretischer Sätze handlicher als der Begriff der M-kohärenten Garbe ist. Zum Schluß dieses Absatzes beweisen wir noch das Analogon zum Okaschen Kohärenzsatz für die Relationengarben M-kohärenter Garben; dabei bezeichnen wir für Elemente $m_1,\dots,m_n$ aus einem A-Modul M als $\mathrm{Rel}(m_1,\dots,m_n|A)$ den A-Modul $\{(a_1,\dots,a_n) \in A^n;\ \sum_{i=1}^{n} a_i m_i = 0\}$.

<u>Satz 2.4:</u> <u>(R-Kohärenz der Relationengarbe)</u>

Sind beliebige Elemente $m_1,\dots,m_n \in M$ gegeben, so ist die Relationengarbe $\mathrm{Rel}(m_1,\dots,m_n\,|\,\mathcal{O}_z)$ R-kohärent: Die Menge der globalen Schnitte $\{(r_1,\dots,r_n) \in R^n;\ \sum_{i=1}^{n} r_i m_i = 0\}$ erzeugen die Relationengarbe überall, d.h.

$$\mathrm{Rel}(m_1,\dots,m_n|\,R)\,\mathcal{O}_z = \mathrm{Rel}(m_1,\dots,m_n|\,\mathcal{O}_z) \qquad \forall\, z \in G.$$

<u>Beweis:</u> Da R_z über R flach ist, genügt es zu zeigen: $\mathrm{Rel}(m_1,\dots,m_n|R_z)\,\mathcal{O}_z = \mathrm{Rel}(m_1,\dots,m_n|\,\mathcal{O}_z)$ für alle $z \in G$. Indem man R_z durch $\overline{R}_z = R_z/\mathrm{Ann}_{R_z} MR_z$ und $\mathcal{O}_z$ durch $\overline{\mathcal{O}_z} = \mathcal{O}_z/(\mathrm{Ann}_{R_z} MR_z)\mathcal{O}_z$ ersetzt, kann man OE $\mathrm{Ann}_{R_z} MR_z = (0)$ annehmen. Dann erfüllt R_z nach 1.13 auch lokal I; also ist R_z noethersch.

Vermöge des Prinzips der Idealisierung (vgl. [10]) mache man

$A_1 = R_z \oplus MR_z$ und $A_2 = \mathcal{O}_z \oplus M\mathcal{O}_z$ zu Ringen. Da R_z, MR_z, $\mathcal{O}_z$ und $M\mathcal{O}_z$ noethersch sind, sind A_1 und A_2 noethersche lokale Ringe mit den maximalen Idealen $\mathfrak{m}_1 = \mathfrak{m}(R_z) \oplus MR_z$ und $\mathfrak{m}_2 = \mathfrak{m}(\mathcal{O}_z) \oplus M\mathcal{O}_z$. Dann ist

$$A_1/\mathfrak{m}_1^k = (R_z/\mathfrak{m}(R_z)^k) \oplus (MR_z/\mathfrak{m}(R_z)^{k-1}MR_z)$$

$$A_2/\mathfrak{m}_2^k = (\mathcal{O}_z/\mathfrak{m}(\mathcal{O}_z)^k) \oplus (M\mathcal{O}_z/\mathfrak{m}(\mathcal{O}_z)^{k-1}M\mathcal{O}_z)$$

Nach 1.21 sind $A_1/\mathfrak{m}_1^k \simeq A_2/\mathfrak{m}_2^k$ isomorph. Da dieser Isomorphismus aus der kanonischen Injektion $A_1 \longrightarrow A_2$ hervorging, ist A_2 treuflach über A_1. Setzt man $f_i := (o, m_i) \in A_1$ für $i=1,\dots,n$, so ist $\mathrm{Rel}(f_1,\dots,f_n|A_1) \cdot A_2 = \mathrm{Rel}(f_1,\dots,f_n|A_2)$, da A_2 über A_1 flach ist. Da offenbar

$$\mathrm{Rel}(f_1,\dots,f_n|A_1) = \mathrm{Rel}(m_1,\dots,m_n|R_z) \oplus MR_z$$

und

$$\mathrm{Rel}(f_1,\dots,f_n|A_2) = \mathrm{Rel}(m_1,\dots,m_n|\mathcal{O}_z) \oplus M\mathcal{O}_z$$

ist, gilt mit der obigen Formel

$$\mathrm{Rel}(m_1,\dots,m_n|R_z)\mathcal{O}_z = \mathrm{Rel}(m_1,\dots,m_n|\mathcal{O}_z),$$

da $\mathrm{Rel}(f_1,\dots,f_n|A_1) \cdot A_2 = \mathrm{Rel}(m_1,\dots,m_n|R_z)\mathcal{O}_z \oplus M\mathcal{O}_z$ ist.

<u>Folgerung 2.5:</u> Für alle $z \in G$ sind $M \otimes_R \mathcal{O}_z \xrightarrow{\sim} M\mathcal{O}_z$ kanonisch isomorph.

<u>Beweis:</u> Ist $\varphi : M \otimes_R \mathcal{O}_z \longrightarrow M\mathcal{O}_z$ mit $\varphi(\sum_i m_i \otimes o_i) = \sum_i m_i o_i$ der kanonische Morphismus, so ist φ surjektiv. Ist $\sum_{i=1}^n m_i \otimes o_i \in \mathrm{Ker}\,\varphi$, so ist $(o_1,\dots,o_n) \in \mathrm{Rel}(m_1,\dots,m_n|\mathcal{O}_z) = \mathrm{Rel}(m_1,\dots,m_n|R)\mathcal{O}_z$. Dann gibt es eine Relation $(o_1,\dots,o_n) = \sum_j \bar{o}_j (r_{1j},\dots,r_{nj})$,

wobei $\sum_{i=1}^{n} m_i r_{ij} = o$ für alle j gilt und $\bar{o}_j \in \mathcal{O}_z$ ist. Dann ist

$$\sum_i m_i \otimes o_i = \sum_i m_i \otimes (\sum_j \bar{o}_j r_{ij}) = \sum_j (\sum_i m_i r_{ij}) \otimes \bar{o}_j =$$

$= \sum_j o \otimes \bar{o}_j = o$, also ist φ injektiv.

Folgerung 2.6: Sind R-Untermoduln $N_i \subset M$ gegeben, so gilt für alle $z \in G$:

$$(\bigcap_{i=1}^{n} N_i)\mathcal{O}_z = \bigcap_{i=1}^{n} (N_i \mathcal{O}_z)$$

Beweis: Man kann OE $\mathrm{Ann}_{R_z} MR_z = (o)$ annehmen. Dann erfüllt R_z auch I bezüglich $\{z\}$ nach 1.13. Somit ist $R_z \longrightarrow \mathcal{O}_z$ nach 1.22 flach, dann folgt die Behauptung aus 2.5 und einem allgemeinen Satz über flache Ringerweiterungen (siehe [16]).

B) Theorem A für endliche Überdeckungen

In diesem Absatz untersuchen wir die Lösbarkeit von endlichen Modulverteilungen; das sind Modulverteilungen, die zu endlichen Überdeckungen eines analytischen Raumes $(G, \mathcal{O})$ gegeben sind. Aus methodischen Gründen bietet es sich an, zuerst endliche und danach erst beliebige Modulverteilungen zu behandeln, da die Lösbarkeit der letzteren auf die der endlichen Verteilungen zurückgeführt wird. Ferner bekommt man bei endlichen Modulverteilungen schärfere Aussagen, das Problem aus Beispiel 1 ist z.B. für $G = \mathbb{C}^n$ bei endlichen Überdeckungen immer lösbar, während es bei beliebigen Überdeckungen nicht immer lösbar ist.
Im folgenden zeigen wir zunächst einige Hilfssätze, die wir zum Beweis des Hauptsatzes benötigen.

<u>Lemma 2.7:</u> Sei $\mathcal{N}$ eine M-kohärente Garbe auf G. Wenn für alle Punktepaare $z_1, z_2 \in G$ ein Untermodul $N \subset M$, der von z_1, z_2 abhängen darf, mit $N\mathcal{O}_{z_i} = \mathcal{N}_{z_i}$ für i = 1,2 existiert, so folgt für jeden primären Untermodul $Q \subset M$ aus der Beziehung $Q\mathcal{O}_{z_o} \supset \mathcal{N}_{z_o}$ für ein $z_o \in \operatorname{Var} Q$ sogar $Q\mathcal{O}_z \supset \mathcal{N}_z$ für alle $z \in G$.

<u>Beweis:</u> Wenn $z \in G$ ist, so gibt es zu (z, z_o) ein $N \subset M$ mit $N\mathcal{O}_z = \mathcal{N}_z$ und $N\mathcal{O}_{z_o} = \mathcal{N}_{z_o} \subset Q\mathcal{O}_{z_o}$. Nach Satz 1.17 gilt dann $N \subset Q$, also auch $Q\mathcal{O}_z \supset N\mathcal{O}_z = \mathcal{N}_z$.

Der folgende Satz zeigt nun, daß jede endliche Modulverteilung schon lösbar ist, wenn die zu der Modulverteilung assoziierte M-kohärente Garbe die Bedingung aus dem letzten Lemma erfüllt.

<u>Satz 2.8:</u> Sei M ein noetherscher R-Modul, $\{(U_i, N_i);\ i = 1,\dots,n\}$ eine endliche Modulverteilung mit $N_i \subset M$, und sei $\mathcal{N}$ die dazu assoziierte M-kohärente Garbe. Wenn für alle Punktepaare $z_1, z_2 \in G$ ein Untermodul $N \subset M$ mit $N\mathcal{O}_{z_i} = \mathcal{N}_{z_i}$ für i = 1,2 existiert, so ist die Modulverteilung $\{(U_i, N_i);\ i = 1,\dots,n\}$ durch ein $N \subset M$ lösbar.

<u>Beweis:</u> Für i = 1,...,n definieren wir $N_i^* = \{m \in N;\ m \in N_i\mathcal{O}_z$ für alle $z \in U_i\}$. Dann ist $N := \bigcap_{i=1}^{n} N_i^*$ eine Lösung der Modulverteilung $\{(U_i, N_i);\ i = 1,\dots,n\}$:
Da M noethersch ist, hat $N_i^* = \bigcap_{j=1}^{r_i} Q_{ji}$ eine endliche Primärzerlegung.
Nach Definition von N_i^* gilt offenbar $\operatorname{Var} Q_{ji} \cap U_i \neq \emptyset$ für alle

$j=1,\dots,r_i$. Folglich ist nach 2.7 $Q_{ji}\mathcal{O}_z \supset \mathcal{N}_z$ für alle $z \in G$, also nach 2.6 auch $N_i^* \mathcal{O}_z \supset \mathcal{N}_z$ für alle $z \in G$. Somit gilt $N\mathcal{O}_z = \mathcal{N}_z$ für alle $z \in G$.

Entsprechend Satz 2.8 kann man weiterhin zeigen, daß jede beliebige Modulverteilung $\{(U_i,N_i);\ i \in I\}$ auf allen Teilmengen $K \subset G$ lösbar ist, falls K durch endlich viele U_i überdeckt wird und MR_K ein noetherscher R_K-Modul ist:

<u>Folgerung 2.9:</u> Sei $\{(U_i,N_i);\ i \in I\}$ eine beliebige Modulverteilung auf G mit $N_i \subset M$, und sei $\mathcal{N}$ die dazu assoziierte M-kohärente Garbe. Für alle Punktepaare $z_1,z_2 \in G$ gebe es einen Untermodul $N \subset M$ mit $N\mathcal{O}_{z_i} = \mathcal{N}_{z_i}$ für $i = 1,2$. Sei $K \subset G$ eine Teilmenge von G, die sich durch endlich viele U_i überdecken läßt und für die MR_K noethersch ist. Dann existiert ein Untermodul $N \subset M$ mit $N\mathcal{O}_z = N_i\mathcal{O}_z$ für alle $z \in K \cap U_i$ und alle $i \in I$ (d.h. die Modulverteilung ist auf K lösbar).

Nach 1.1o ist MR_K für jedes Kompaktum $K \subset G$ noethersch, wenn $R \subset R(G)$ ein dichter Unterring ist. Somit haben wir also für dichte Unterringe $R \subset R(G)$ gezeigt, daß die Lösbarkeit einer beliebigen Modulverteilung auf jedem Kompaktum $K \subset G$ damit äquivalent ist, daß zu jedem Punktepaar $z_1,z_2 \in G$ ein Lösungsmodul existiert.
Im folgenden werden wir jetzt eine hinreichende Bedingung dafür herleiten, daß eine Modulverteilung über G auf allen Punktepaaren (z_1,z_2) lösbar ist, daß also zu jeder M-kohärenten Garbe $\mathcal{N}$ und allen Punktepaaren (z_1,z_2) ein Untermodul $N \subset M$ mit $\mathcal{N}_{z_i} = N\mathcal{O}_{z_i}$ für $i = 1,2$ existiert.

<u>Lemma 2.10:</u> Sei $\mathcal{N}$ eine M-kohärente Garbe auf G und $Q \subset M$ ein Primärmodul. Dann gilt:

a) Folgende zwei Mengen sind offen in Var Q:

$V_1: = \{z \in \text{Var } Q;\ Q\mathcal{O}_z \supset \mathcal{N}_z\}$

$V_2: = \{z \in \text{Var } Q;\ Q\mathcal{O}_z \not\supset \mathcal{N}_z\}$

b) Für jede Zusammenhangskomponente S von Var Q gilt entweder $S \subset V_1$ oder $S \subset V_2$.

c) Wenn Var Q zusammenhängend ist und $\text{Var } Q \cap V_1 \neq \emptyset$, so gilt $Q\mathcal{O}_z \supset \mathcal{N}_z$ für alle $z \in G$.

<u>Beweis:</u> Da $\mathcal{N}$ M-kohärent ist, gibt es zu jedem $z \in G$ eine Umgebung U von z und einen Untermodul $N \subset M$ mit $\mathcal{O}N|U = \mathcal{N}|U$. Wenn für ein $x \in U \cap \text{Var } Q$ $\quad Q\mathcal{O}_x \supset \mathcal{N}_x = N\mathcal{O}_x$ gilt, so gilt nach 1.17 $Q\mathcal{O}_y \supset N\mathcal{O}_y = \mathcal{N}_y$ für alle $y \in U \cap \text{Var } Q$. Folglich gilt entweder $U \cap \text{Var } Q \subset V_1$ oder $U \cap \text{Var } Q \subset V_2$. Daraus folgen dann alle Behauptungen.

<u>Satz 2.11:</u> Sei $\{(U_i, N_i);\ i \in I\}$ eine Modulverteilung auf G mit $N_i \subset M$. Für alle Primideale $\mathfrak{P} \subset R$, für die es ein $z \in U_i$ gibt, so daß $\mathfrak{P}R_z$ zu MR_z/N_iR_z assoziiert ist, sei Var $\mathfrak{P}$ zusammenhängend. Dann gilt:

a) Zu je zwei Punkten $z_i \in U_i$, $z_j \in U_j$ gibt es ein $N \subset M$ mit $N\mathcal{O}_{z_i} = N_i\mathcal{O}_{z_i}$ und $N\mathcal{O}_{z_j} = N_j\mathcal{O}_{z_j}$.

b) Ist I eine endliche Indexmenge und ist M ein noetherscher R-Modul, so ist diese endliche Verteilung lösbar.

c) Ist $K \subset G$ eine Teilmenge von G, die von endlich vielen U_i überdeckt wird, und ist MR_K noethersch, so ist die Modulverteilung auf K lösbar.

d) Wenn $R \subset R(G)$ ein dichter Unterring ist, so ist die Modulverteilung auf allen kompakten Teilmengen $K \subset G$ lösbar.

Beweis: a) Da nach Satz 1.9 MR_z noethersch ist, existieren Primärzerlegungen $N_i R_{z_i} = \bigcap_{k=1}^{r} Q_k R_{z_i}$ und $N_j R_{z_j} = \bigcap_{k=r+1}^{n} Q_k R_{z_j}$, wobei $Q_k \subset M$ primär sind. Weil nach 1.16 $\operatorname{Var} Q_k = \operatorname{Var} \mathscr{G}_k$ für die zu Q_k gehörigen Primideale gilt, sind $\operatorname{Var} Q_k$ für alle k zusammenhängend. Nach 2.1o ist dann $N := \bigcap_{k=1}^{n} Q_k$ eine Lösung der Verteilung auf $\{z_i, z_j\}$.

b) folgt mit a) aus 2.8.

c) folgt mit a) aus 2.9.

d) folgt aus c) mit 1.1o.

Die Zusammenhangsvoraussetzung über die $\operatorname{Var} \mathscr{G}$ ist übrigens erfüllt, wenn die Überdeckung $\{U_i;\ i \in I\}$ des komplexen Raumes G aus Zariski-offenen Mengen besteht. Der folgende Hilfssatz zeigt nun umgekehrt, daß der Zusammenhang der Varietäten aller primären Untermoduln von M auch notwendig für die Lösbarkeit aller Modulverteilungen ist:

Lemma 2.12: Sei $Q \subset M$ ein primärer Untermodul. Wenn alle Modulverteilungen der speziellen Form $\{(U,M), (V,Q)\}$ zu einer aus nur zwei Elementen $\{U,V\}$ bestehenden Überdeckung von G lösbar sind, so ist $\operatorname{Var} Q$ zusammenhängend.

Beweis: Wäre $\operatorname{Var} Q$ nicht zusammenhängend, so gäbe es offene Mengen U,V in G mit: $U \cup V = G$, $U \cap V \cap \operatorname{Var} Q = \emptyset$ und Punkte $z_1 \in U \cap \operatorname{Var} Q$, $z_2 \in V \cap \operatorname{Var} Q$. Da $V \cap U \cap \operatorname{Var} Q = \emptyset$, wäre $\{(V,Q), (U,M)\}$ eine Modulverteilung in M. Nach Voraussetzung besitzt diese eine Lösung $N \subset M$. Dann wäre $N\mathcal{O}_{z_2} = Q\mathcal{O}_{z_2}$, also nach Satz 1.17 $N \subset Q$. Andererseits wäre $N\mathcal{O}_{z_1} = M\mathcal{O}_{z_1} \subset Q\mathcal{O}_{z_1}$; das ist aber im Widerspruch zu $z_1 \in \operatorname{Var} Q$.

Mit Satz 2.11 und Satz 1.16 bzw. Satz 2.8 folgt daraus sofort:

Theorem 2.13: (Theorem A für endliche Überdeckungen)

Ist M ein noetherscher analytischer R-Modul, der lokal I bezüglich G erfüllt, so sind folgende Aussagen äquivalent:

a) Jeder Primärmodul $Q \subset M$ in M hat zusammenhängende Varietät Var Q.

b) Jede endliche Modulverteilung $\{(U_i, N_i);\ i=1,\dots,n\}$ mit $N_i \subset M$ ist durch ein $N \subset M$ lösbar.

c) Jede (endliche) Modulverteilung ist auf allen zweipunktigen Mengen lösbar, d.h. es existiert für alle $z_i \in U_i$ und $z_j \in U_j$ ein $N \subset M$ mit $N\mathcal{O}_{z_i} = N_i\mathcal{O}_{z_i}$ und $N\mathcal{O}_{z_j} = N_j\mathcal{O}_{z_j}$.

Die Voraussetzung a) ist natürlich erfüllt, wenn alle Primideale $\mathfrak{p} \subset R$ mit $\mathfrak{p} \supset \mathrm{Ann}_R M$ eine zusammenhängende Varietät haben.
Im Falle endlicher Modulverteilungen gibt also Satz 2.13 eine vollständige Auskunft über die Lösbarkeit von Problemen des Typs, wie sie in Beispiel 1 gestellt werden. Wenn z.B. $G = \mathbb{C}^n$ ist, so kann man also jede endliche Idealverteilung im Polynomring durch ein Ideal im Polynomring lösen, weil bekanntlich jedes Primideal $\mathfrak{p} \subset \mathbb{C}[X_1,\dots,X_n]$ eine zusammenhängende Varietät Var $\mathfrak{p}$ in der gewöhnlichen Topologie des $\mathbb{C}^n$ hat. Beide Aussagen sind im Falle $k = \mathbb{R}$ übrigens falsch. Zur Diskussion der Fragestellung des Typs Beispiel 2 verweisen wir auf den Absatz D dieses Paragraphen.
Schließlich sei noch erwähnt, daß auch im Fall beliebiger Modulverteilungen $\{(U_i, N_i);\ i \in I\}$ von G ein Lösungsmodul N konstruktiv angegeben werden kann, sofern überhaupt die Existenz eines solchen N gesichert ist: Dann löst nämlich $N := \bigcap_{i \in I} \bigcap_{j \in J_i} Q_{ij}$ die

Modulverteilung, wobei Q_{ij} alle Primärmoduln $\supset N_i$ mit Var $Q_{ij} \cap U_i \neq \emptyset$ durchlaufen.

C) Theorem A für beliebige Überdeckungen

Im Absatz B wurde Theorem A nur für endliche Modulverteilungen über G bewiesen; wir haben damit im wesentlichen nur die Lösbarkeit von Modulverteilungen auf kompakten Teilmengen $K \subset G$ gezeigt. Bei endlichen Modulverteilungen ist ihre Lösbarkeit damit äquivalent, daß die Varietäten aller primären Untermoduln von M zusammenhängend sind. Wie Beispiel 2 für $A = \mathbb{Z}$ und $G = \mathbb{C}$ zeigt, ist diese Bedingung für beliebige Modulverteilungen nicht mehr hinreichend; wir wollen nun untersuchen, unter welchen zusätzlichen Bedingungen auch beliebige Verteilungen lösbar sind.

Zunächst wollen wir die Lösbarkeit der sehr einfachen, aber wichtigen Modulverteilung $\{(K_i, Rf_i);\ i \in \mathbb{N}\}$ untersuchen, wobei $\{K_i;\ i \in \mathbb{N}\}$ eine kompakte Ausschöpfung von G mit $K_i \subset K_{i+1}$ ist und $Rf_i \supset Rf_{i+1}$ gilt. Diese Verteilungen nennen wir spezielle Modulverteilungen. Der folgende Satz zeigt nun, wie die zu der speziellen Idealverteilung $\{(K_i, f_i);\ i \in \mathbb{N}\}$ assoziierte Idealgarbe $\mathfrak{F}$ global erzeugt werden kann.

Lemma 2.14: Sei G komplexer Raum. Ist $\{(K_i, f_i);\ i \in \mathbb{N}\}$ eine spezielle Idealverteilung mit $K_i \subset K_{i+1}$ und $Rf_i \supset Rf_{i+1}$, so läßt sich die zu $\{(K_i, Rf_i);\ i \in \mathbb{N}\}$ assoziierte Idealgarbe $\mathfrak{F}$ durch globale Schnitte, die unendliche Produkte von Elementen aus R sind, erzeugen.

(<u>Unendliches Produkt</u> soll stets beinhalten, daß es auch gleichmäßig konvergent auf jeder kompakten Teilmenge K von G ist; solche Produkte sind nach [11], chap.III, Theorem 7 holomorph in G.)

<u>Beweis:</u> Ziel des Beweises ist es, eine zu $\{(K_i, Rf_i);\ i \in \mathbb{N}\}$ äquivalente Verteilung $\{(K_i, g_i R(G));\ i \in \mathbb{N}\}$ zu konstruieren, wobei $g_i R(G) \subset g_{i+1} R(G)$, $g_i \mathcal{O}_z = f_i \mathcal{O}_z$ für alle $z \in K_i$ und die g_i unendliche Produkte von Elementen aus R sind. Dann ist nämlich der Satz bewiesen, weil $\{g_i;\ i \in \mathbb{N}\} \subset \Gamma(G, \mathcal{F})$ die Garbe $\mathcal{F}$ erzeugt.
Da G ein Steinscher Raum ist, ist für jede kompakte Menge $K \subset G$ auch $\hat{K} := \{x \in G; |f(x)| \leq \|f\|_K$ für alle $f \in R(G)\}$ wieder kompakt in G.
Für jedes $i \in \mathbb{N}$ gibt es also ein $\nu(i) \in \mathbb{N}$ mit $\hat{K}_i \subset K_{\nu(i)}$. Ohne Einschränkung sei $\nu(i) \leq \nu(i+1)$ für alle $i \in \mathbb{N}$. Wenn wir nun anstelle der Verteilung $\{(K_i, f_i);\ i \in \mathbb{N}\}$ die Verteilung $\{(\hat{K}_i, f_{\nu(i)});\ i \in \mathbb{N}\}$ betrachten, können wir $K_i = \hat{K}_i$ annehmen.
Da $Rf_i \supset Rf_{i+1}$, gibt es ein $k_i \in R$ mit $k_i f_i = f_{i+1}$. Weil $f_i \mathcal{O}_z = f_{i+1} \mathcal{O}_z$ für alle $z \in K_i$, hat k_i in K_i keine Nullstellen, also ist k_i^{-1} in einer Umgebung von K_i holomorph. Wegen $K_i = \hat{K}_i$ kann man nach 1.1 jede holomorphe Funktion auf K_i durch eine holomorphe Funktion auf G approximieren. Folglich gibt es ein $s_i' \in R(G)$ mit $\|k_i s_i' - 1\|_{K_i} < 2^{-(i+1)}$. Weil R in R(G) dicht liegt, gibt es dann ein $s_i \in R$ mit $\|k_i s_i - 1\|_{K_i} < 2^{-i}$. Dann existiert $g_{n+1} = f_1 k_1 \cdot \ldots \cdot k_n \prod_{i=n+1}^{\infty} (k_i \cdot s_i) \in R(G)$; es gilt $g_i R(G) \subset g_{i+1} R(G)$ und $g_i \mathcal{O}_z = f_i \mathcal{O}_z$ für alle $z \in K_i$. Dann erzeugt das Ideal $\sum_{i=2}^{\infty} R(G) \cdot g_i$ die zu $\{(K_i, Rf_i);\ i \in \mathbb{N}\}$ assoziierte Garbe.

Wenn die speziellen Idealverteilungen lösbar sind, so kann man noch eine größere Klasse von Verteilungen lösen:

Lemma 2.15: Wenn für jedes $m \in M$ und für jede spezielle Idealverteilung $\{(K_i, Rf_i);\ i \in \mathbb{N}\}$ mit kompakten K_i, $K_i \subset K_{i+1}$ und $Rf_i \supset Rf_{i+1}$ die zugehörige Modulverteilung $\{(K_i, Rf_i m);\ i \in \mathbb{N}\}$ durch einen Untermodul $N \subset M$ lösbar ist, so ist auch jede Modulverteilung $\{(K_i, N_i);\ i \in \mathbb{N}\}$ mit beliebigen $N_i \subset M$ durch ein $N \subset M$ lösbar.
(Obige Bedingung ist schon erfüllt, wenn jede spezielle Idealverteilung durch ein Ideal $\mathfrak{a} \subset R$ gelöst werden kann.)

Beweis: Da G Steinsch ist, kann man wie in 2.14 annehmen, daß $K_i = \hat{K}_i$ ist. Nach Satz 1.1o gilt dann $N_i R_{K_i} = N_{i+1} R_{K_i}$ für alle $i \in \mathbb{N}$, weil $N_i \mathcal{O}_z = N_{i+1} \mathcal{O}_z$ für alle $z \in K_i$ ist.
Ist nun $n_j \in N_j$ fest gegeben, so gibt es also ein $n_{j+1} \in N_{j+1}$ und ein $s_j \in R$ mit $s_j(x) \neq 0$ für alle $x \in K_j$ und $n_{j+1} = s_j n_j$. Indem man dieses Verfahren induktiv fortsetzt, erhält man Elemente $n_{j+k} \in N_{j+k}$ und $s_{j+k} \in R$ mit $s_{j+k}(x) \neq 0$ für alle $x \in K_{j+k}$, so daß $n_{j+k+1} = s_{j+k} n_{j+k}$ gilt. Setzt man $g_i := \prod_{\nu=j}^{i-1} s_\nu$ für $i \geq j$, so ist $\{(K_i, Rg_i);\ i \geq j\}$ eine Idealverteilung in R mit $Rg_i \supset Rg_{i+1}$. Nach Voraussetzung ist dann die Modulverteilung $\{(K_i, Rn_j g_i);\ i \geq j\}$ durch einen Modul $N(n_j) \subset M$ lösbar.
Wie man nun leicht nachrechnet, gilt $N(n_j)\mathcal{O}_z \subset N_i \mathcal{O}_z$ für alle $z \in K_i$ und alle $i \in \mathbb{N}$ und $N(n_j)\mathcal{O}_z = n_j \mathcal{O}_z$ für alle $z \in K_j$. Konstruiert man nun für jedes $j \in \mathbb{N}$ und $n_j \in N_j$ den Modul $N(n_j)$, so löst

$$N := \sum_{j \in \mathbb{N},\, n_j \in N_j} N(n_j)$$ die gegebene Modulverteilung.

Der Beweis von 2.15 zeigt in Verbindung mit 2.14 genauer:

Folgerung 2.16: Sei G komplexer Raum. Ist $\{(K_i, N_i);\ i \in \mathbb{N}\}$ eine Modulverteilung mit $K_i \subset K_{i+1}$, so gibt es Elemente $m_j \in M$ (j aus einer Indexmenge J) und in G holomorphe Funktionen h_j, die unendliche Produkte von Elementen aus R sind, so daß die Schnitte $\{m_j h_j; j \in J\}$ die zu $\{(K_i, N_i);\ i \in \mathbb{N}\}$ assoziierte Garbe erzeugen.

Nach diesen Vorbereitungen können wir nun die Lösbarkeit von beliebigen Modulverteilungen untersuchen. Wenn man die Voraussetzungen wie in 2.9 oder 2.11 wählt, so ist die Lösbarkeit der Modulverteilung auf jedem Kompaktum in G gesichert. Dann braucht man sich nur noch mit Modulverteilungen $\{(K_i, N_i);\ i \in \mathbb{N}\}$ beschäftigen, wie sie in 2.15 schon behandelt worden sind. Somit ist folgender Satz eine einfache Konsequenz aus 2.15 und 2.9.

Satz 2.17: Jede spezielle Modulverteilung $\{(K_i, Rm_i);\ i \in \mathbb{N}\}$ über G mit $K_1 \subset K_2 \subset K_3 \subset \ldots$ und $M \supset Rm_1 \supset Rm_2 \supset \ldots$ sei im R-Modul M lösbar. Wenn für eine vorgegebene Modulverteilung $\{(U_i, N_i);\ i \in I\}$ in M über G für alle Punktepaare $z_i \in U_i$, $z_j \in U_j$ ein $N \subset M$ mit $N\mathcal{O}_{z_i} = N_i \mathcal{O}_{z_i}$ und $N\mathcal{O}_{z_j} = N_j \mathcal{O}_{z_j}$ existiert, ist die Verteilung $\{(U_j, N_j);\ j \in I\}$ in M lösbar.

Im folgenden soll nun die Lösbarkeit der speziellen Modulverteilungen aus 2.14 näher untersucht werden. Es soll eine dazu äquivalente Bedingung hergeleitet werden. Dazu definieren wir zunächst:

<u>Definition 2.18:</u> Eine Familie $\{N_i;\ i\in I\}$ von Untermoduln N_i von M heißt lokalendlich, wenn es zu jedem $z_o\in G$ eine Umgebung $U(z_o)$ und endlich viele $N_{i_1},\ldots,N_{i_n}$ gibt, so daß $N_i\mathcal{O}_z\supset(\bigcap_{k=1}^{n} N_{i_k})\mathcal{O}_z$ für alle $z\in U(z_o)$ und alle $i\in I$ gilt.

<u>Lemma 2.19:</u> a) Wenn jede spezielle Modulverteilung $\{(K_i,Rm_i);i\in\mathbb{N}\}$ mit $K_i\subset K_{i+1}$ und $Rm_i\supset Rm_{i+1}$ in M lösbar ist, so gilt für alle lokalendlichen Familien $\{N_j;\ j\in I\}$ von Untermoduln $N_j\subset M$ mit $N_j=\overline{N_j}=$ $=\{m\in M;\ m\in N_j\mathcal{O}_z$ für alle $z\in G\}$:

$$\bigcap_{j\in I}(N_jR_z)=(\bigcap_{j\in I}N_j)R_z \text{ für alle } z\in G.$$

b) Ist umgekehrt für alle lokalendlichen Familien $\{Rm_j;j\in\mathbb{N}\}$ mit $Rm_j\supset Rm_{j+1}$ die Vertauschbarkeit $\bigcap_{j\in\mathbb{N}}m_jR_z=(\bigcap_{j\in\mathbb{N}}(Rm_j))R_z$ erfüllt, so ist jede Modulverteilung $\{(K_i,N_i);i\in\mathbb{N}\}$ mit $K_i\subset K_{i+1}$ lösbar.

<u>Beweis:</u> a) Zu $z_o\in G$ gibt es eine Umgebung $U(z_o)$ und Untermoduln $N_{i_1},\ldots,N_{i_n}$, so daß $N_j\mathcal{O}_z\supset(\bigcap_{k=1}^{n}N_{i_k})\mathcal{O}_z$ für alle $z\in U(z_o)$. Da M lokal I erfüllt, gilt $N_jR_z\supset(\bigcap_{k=1}^{n}N_{i_k})R_z$ für alle $z\in U(z_o)$ und alle $j\in I$. Dann gibt es zu jedem Kompaktum K_i endlich viele N_j, etwa $N_1,\ldots,N_{n(i)}$ mit $n(i)\leq n(i+1)$, so daß $N_jR_z\supset\left(\bigcap_{k=1}^{n(i)}N_k\right)R_z$ für alle $z\in K_i$ und alle $j\in I$. Weiter ist für alle $r\geqslant i$ stets $\left(\bigcap_{k=1}^{n(r)}N_k\right)R_z=$ $=\left(\bigcap_{k=1}^{n(i)}N_k\right)R_z$ für alle $z\in K_i$; somit ist $(K_i,\bigcap_{k=1}^{n(i)}N_k)$ eine Modulverteilung, die eine Lösung N hat. Da M lokal I erfüllt, gilt $NR_z=\left(\bigcap_{k=1}^{n(i)}N_k\right)R_z$ für alle $z\in K_i$. Wegen $N_jR_z\supset\left(\bigcap_{k=1}^{n(i)}N_k\right)R_z=$ $=\bigcap_{k=1}^{n(i)}(N_kR_z)$ für alle $z\in K_i$ und alle $j\in I$ gilt $\bigcap_{j\in I}(N_jR_z)=$

$= NR_z$ für alle $z \in G$.

Da ferner $N_j R_z \supset NR_z$ für alle $z \in G$ und $j \in I$, gilt wegen $N_j = \overline{N_j}$ schon $N_j \supset N$, also auch $N \subset \bigcap_{j \in I} N_j$. Damit folgt aus $\bigcap_{j \in I} (N_j R_z) = NR_z$, daß $\bigcap_{j \in I} (N_j R_z) \subset (\bigcap_{j \in I} N_j) R_z$ für alle $z \in G$ ist. Dann gilt natürlich $\bigcap_{j \in I} (N_j R_z) = (\bigcap_{j \in I} N_j) R_z$ für alle $z \in G$.

b) Wegen 2.15 genügt es zu zeigen, daß die speziellen Verteilungen $\{(K_i, Rm_i);\ i \in \mathbb{N}\}$ mit $K_i \subset K_{i+1}$ und $Rm_i \supset Rm_{i+1}$ lösbar sind. Sei $N := \bigcap_{i \in \mathbb{N}} Rm_i$. Da für jedes $z \in K_i$ $m_j R_z = m_i R_z$ für alle $j \geqslant i$ und wegen $Rm_j \supset Rm_i$ $m_j R_z \supset m_i R_z$ für alle $j \leq i$ ist, gilt $\bigcap_{j \in \mathbb{N}} (R_z m_j) = R_z m_i$ für alle $z \in K_i$. Dann ist N eine Lösung der Modulverteilung.

<u>Folgerung 2.2o:</u> Unter den Voraussetzungen von 2.19 a) gilt für eine lokalendliche Familie $\{N_i;\ i \in I\}$ von Untermoduln $N_i \subset M$:

$$(\bigcap_{i \in I} N_i)\mathcal{O}_z = \bigcap_{i \in I} (N_i \mathcal{O}_z) \quad \text{für alle } z \in G.$$

<u>Beweis:</u> Da $\bigcap_{i \in I} (N_i R_z)$ eigentlich ein endlicher Durchschnitt ist, folgt die Behauptung aus 2.6.

<u>Theorem 2.21:</u> <u>(Theorem A für Unterringe)</u>

Sei M ein analytischer R-Modul, der lokal I bezüglich eines Steinschen Raumes G erfüllt. Dann sind äquivalent:

1) Jede Modulverteilung in M ist lösbar.

2) a) Jeder Primärmodul $Q \subset M$ hat zusammenhängende Varietät Var Q.

<u>oder</u> Jede Modulverteilung ist auf allen zweipunktigen Mengen in G lösbar.

b) Jede spezielle Modulverteilung $\{(K_i, Rm_i);\ i \in \mathbb{N}\}$ mit $K_i \subset K_{i+1}$ und $Rm_i \supset Rm_{i+1}$ ist lösbar.

<u>oder</u> Ist $\{N_j;\ j \in I\}$ eine lokalendliche Familie von Untermoduln $N_j = \overline{N_j} \subset M$, so ist $\bigcap_{j \in I} (N_j R_z) = (\bigcap_{j \in I} N_j) R_z$ für alle $z \in G$.

<u>oder</u> Für jede lokalendliche Familie $\{Rm_j;\ j \in \mathbb{N}\}$ mit $Rm_j \supset Rm_{j+1}$ ist die Vertauschbarkeit $\bigcap_{j \in \mathbb{N}} R_z m_j = (\bigcap_{j \in \mathbb{N}} Rm_j) R_z$ für alle $z \in G$ erfüllt.

<u>Beweis:</u> 1)$\longrightarrow$2) Teil a) folgt aus 2.12; Teil b) ist trivial. Die Äquivalenz in a) bzw. in b) folgt aus 2.13 bzw. 2.19.
2)$\longrightarrow$1) folgt mit 2.11 aus 2.17.

Da aus der Lösbarkeit aller Idealverteilungen in R die Bedingung 2 a) nach 2.12/1.16 und die Bedingung 2 b) nach 2.15 folgt, erhält man:

<u>Satz 2.22:</u> Wenn jede Idealverteilung $\{(U_i, \mathfrak{a}_i);\ i \in I\}$ mit Idealen $\mathfrak{a}_i \subset R$ in R lösbar ist, so ist auch jede Modulverteilung $\{(U_i, N_i);\ i \in I\}$ mit $N_i \subset M$ in M lösbar.

Wenn G speziell eine zweidimensionale Mannigfaltigkeit ist, können wir sogar zeigen: Sind in R alle Hauptidealverteilungen durch ein Ideal lösbar, so sind in M alle Modulverteilungen lösbar.

Wenn für einen in R(G) dichten Unterring R alle Primideale zwar zusammenhängende Varietät haben, aber in R nicht alle speziellen Idealverteilungen $\{(K_i, f_i);\ i \in \mathbb{N}\}$ lösbar sind, so kann man jedoch noch Aussagen über ein Erzeugendensystem der zu der Modulverteilung assoziierten Garbe machen.

Satz 2.23: Sei G komplexer Raum. Haben alle Primärmoduln in M eine zusammenhängende Varietät, so wird jede M-kohärente Garbe $\mathcal{N}$ von globalen Schnitten der Form mr, wobei $m \in M$ und r ein unendliches Produkt von Elementen aus R ist, erzeugt.

Beweis: Nach 2.11 ist jede Verteilung auf kompakten $K \subset G$ lösbar. Mit 2.16 folgt die Behauptung.

Folgerung 2.24: Wenn zusätzlich zu 2.23 jedes unendliche Produkt von Elementen aus R wieder in R ist, ist jede Modulverteilung in M lösbar.

Mit Satz 2.23 ergibt sich für unser Beispiel 1 mit $G = \mathbb{C}^n$ und $R = \mathbb{C}[z_1,\ldots,z_n]$, daß jede beliebige Idealverteilung im Polynomring auf dem $\mathbb{C}^n$ durch unendliche, holomorphe Produkte von Polynomen erzeugt wird. Obwohl dieser Satz 2.23 nicht zeigen kann, daß die Modulverteilung durch globale Schnitte aus M erzeugt wird - das ist auch gar nicht möglich - ist dieser Satz trotzdem nicht in Cartan's Theorem A enthalten: Theorem A zeigt nur, daß Schnitte der Form $\sum m_i r_i$ mit $r_i \in R(G)$ die zugehörige Garbe erzeugen, während wir in 2.23 schon r_i als unendliches Produkt von Elementen aus R wählen können; und die Menge der unendlichen Produkte von Elementen aus R ist "fast immer" wieder echt kleiner als R(G).
Umgekehrt ist übrigens klar, daß eine Menge von Schnitten der Form mr, wobei $m \in M$ und r unendliches Produkt von Elementen aus R ist, stets eine M-kohärente Garbe erzeugt, so daß 2.23 also alle M-kohärenten Garben charakterisiert. Die Voraussetzungen in 2.23 über den Zusammenhang der Primärmodulvarietäten ist natürlich nicht nur hin-

reichend, sondern auch notwendig. Sie kann aber wie in 2.8 weggelassen werden, wenn zu der gegebenen Garbe $\mathcal{N}$ und zu jedem Punktepaar $z_1, z_2 \in G$ ein Untermodul $N \subset M$ mit $N\mathcal{O}_{z_i} = \mathcal{N}_{z_i}$ $(i=1,2)$ existiert.

D) R-analytische Mengen

In den letzten beiden Paragraphen haben wir uns mit der Frage beschäftigt, wann eine Idealverteilung im Polynomring über dem $\mathbb{C}^n$ durch ein Ideal im Polynomring gelöst wird. In diesem Absatz behandeln wir nun das duale Problem: Wann ist eine analytische Menge, die lokal Nullstellengebilde von Polynomen ist, global als Nullstellengebilde von Polynomen darstellbar? Bekanntlich erhält man als eine Folgerung aus Cartan's Theorem A, daß jede analytische Menge in einem Steinschen Raum sich als Nullstellengebilde einer Familie von im gesamten Raum holomorpher Funktionen darstellen läßt. Wir werden nun einen ähnlichen Satz für R-analytische Mengen aus unserem Theorem A für Unterringe herleiten. Da wir im folgenden den Hilbertschen Nullstellensatz benötigen, sei in diesem Abschnitt G stets ein komplexer Raum.

Definition 2.25: Eine analytische Menge $A \subset G$ heißt R-analytisch, wenn es eine Überdeckung $\{U_i;\ i \in I\}$ von G und Ideale $\mathfrak{a}_i \subset R$ gibt, so daß $A \cap U_i = \mathrm{Var}\,\mathfrak{a}_i \cap U_i$ gilt.

Für R-analytische Mengen zu endlichen Überdeckungen $\{U_i,\ i \in I\}$ von G erhält man aus 2.13:

Satz 2.26: Folgende Aussagen sind für noethersche Ringe R, die lokal I bezüglich G erfüllen, äquivalent:

a) Jede R-analytische Menge zu einer endlichen Überdeckung ist Nullstellenmenge eines Ideals aus R.

b) Die Varietäten aller Primideale von R sind zusammenhängend.

c) Jede endliche Idealverteilung in R ist durch ein Ideal aus R lösbar.

Beweis: a)⟶b) Wäre für ein Primideal $\mathfrak{p} \subset R$ $\operatorname{Var}\mathfrak{p}$ nicht zusammenhängend, so gäbe es offene Mengen U, $V \subset G$ mit: $z_1 \in V \cap \operatorname{Var}\mathfrak{p} \neq \emptyset$, $z_2 \in U \cap \operatorname{Var}\mathfrak{p} \neq \emptyset$, $U \cup V = G$ und $U \cap V \cap \operatorname{Var}\mathfrak{p} = \emptyset$. Dann wäre A, definiert durch $A \cap U = U \cap \operatorname{Var}\mathfrak{p}$ und $A \cap V = \emptyset$, eine R-analytische Menge. Nach a) wäre $A = \operatorname{Var}\mathfrak{a}$ für ein Ideal $\mathfrak{a} \subset R$. Mittels des lokalen Hilbertschen Nullstellensatzes findet man ein $n \in \mathbb{N}$ mit $\mathfrak{a}^n \mathcal{O}_{z_2} \subset \mathfrak{p}\mathcal{O}_{z_2}$. Nach 1.17 folgt $\mathfrak{a}^n \subset \mathfrak{p}$. Da $z_1 \in G - \operatorname{Var}\mathfrak{a}$ war, ist $\mathfrak{a}^n \mathcal{O}_{z_1} = \mathcal{O}_{z_1} \subset \mathfrak{p}\mathcal{O}_{z_1}$. Das ist ein Widerspruch gegen $z_1 \in \operatorname{Var}\mathfrak{p}$.

b)⟶c) folgt aus Theorem 2.13.

c)⟶a) Die R-analytische Menge A werde durch $A \cap U_i = \operatorname{Var}\mathfrak{a}_i \cap U_i$, $i = 1,\ldots,n$, gegeben. Wir behaupten dann, daß $\{(U_i, \operatorname{Rad}\mathfrak{a}_i);\ i=1,\ldots,n\}$ eine endliche Idealverteilung ist: Da $U_i \cap U_j \cap \operatorname{Var}\mathfrak{a}_i = U_i \cap U_j \cap \operatorname{Var}\mathfrak{a}_j$ ist, gilt nach dem lokalen Hilbertschen Nullstellensatz für $z \in U_i \cap U_j$ $(\mathfrak{a}_i)^m \mathcal{O}_z \subset \mathfrak{a}_j \mathcal{O}_z$ für großes m. Da R lokal I erfüllt, gilt $(\mathfrak{a}_i)^m R_z \subset \mathfrak{a}_j R_z$, und somit $\mathfrak{a}_i R_z \subset (\operatorname{Rad}\mathfrak{a}_j) R_z$. Aus Symmetriegründen folgt $(\operatorname{Rad}\mathfrak{a}_i) R_z = (\operatorname{Rad}\mathfrak{a}_j) R_z$. Dann ist $\{(U_i, \operatorname{Rad}\mathfrak{a}_i)\}$ eine endliche Idealverteilung. Diese hat ein Lösungsideal $\mathfrak{a} \subset R$. Dann ist $\operatorname{Var}\mathfrak{a} \cap U_i = \operatorname{Var}\mathfrak{a}_i \cap U_i$.

Weiterhin zeigt der Beweis auch für nicht noethersche Ringe R:

<u>Satz 2.27:</u> Wenn R lokal I bezüglich G erfüllt und in R alle Idealverteilungen lösbar sind, so ist jede R-analytische Menge A global Nullstellenmenge eines Ideals $\mathfrak{a} \subset R$.

Speziell folgt mit 2.23:

<u>Satz 2.28</u>: R erfülle lokal I bezüglich G. Wenn jedes Primideal von R eine zusammenhängende Varietät hat, so ist jede R-analytische Menge $A \subset G$ Nullstellenmenge einer Familie von unendlichen Produkten aus R. Umgekehrt definiert jede solche Familie eine R-analytische Menge.

<u>Folgerung 2.29:</u> R erfülle lokal I bezüglich G. Wenn alle Primideale aus R eine zusammenhängende Varietät haben und jedes unendliche Produkt von Funktionen aus R wieder aus R ist, so ist jede R-analytische Menge A Nullstellenmenge eines Ideals $\mathfrak{a}$ aus R.

Auch in diesen Sätzen ist natürlich die Voraussetzung über die Primidealvarietäten nicht nur hinreichend, sondern auch notwendig. Genauso wie im Vorhergehenden können wir sie jedoch ersetzen durch folgende Forderung: Zu je zwei Punkten z_1, z_2 der gegebenen R-analytischen Menge A gibt es ein Ideal $\mathfrak{a} \subset R$, das die Menge A in z_1 und z_2 definiert: Der Mengenkeim von $\mathfrak{a}$ im Punkte z_ν ist gleich dem Mengenkeim von A im Punkte z_ν $(\nu=1,2)$.
Wenn $R = \mathbb{C}[z_1,\ldots,z_n]$ und $G = \mathbb{C}^n$ ist, so liefert 2.28 eine voll-

ständige Charakterisierung der analytischen Mengen, die lokal Nullstellengebilde von Polynomen sind: Jede solche analytische Menge ist globales Nullstellengebilde einer Familie von holomorphen, unendlichen Produkten von Polynomen, und umgekehrt definiert jede Familie solcher Funktionen eine analytische Menge, die lokal durch Polynome definiert ist.

§ 3 - Cousinverteilungen in Ringen holomorpher Funktionen

Als Anwendung von "Theorem A für Unterringe" werden wir uns jetzt mit der Theorie der Cousinverteilungen beschäftigen. Zunächst wollen wir die Fragestellung dieses Paragraphen an zwei Beispielen verdeutlichen:

Beispiel 3: Sei $\{U_i;\ i \in I\}$ eine offene Überdeckung des $\mathbb{C}^n$ und $\{f_i;\ i \in I\}$ eine Menge von Polynomen, so daß $f_i f_j^{-1} \in \Gamma(U_i \cap U_j, \mathcal{O})$ für jedes Paar i,j gilt. Gibt es dann ein Polynom f, so daß ff_i^{-1} und $f_i f^{-1} \in \Gamma(U_i, \mathcal{O})$ für alle $i \in I$ ist?

Beispiel 4: Sei $A \subset \mathbb{C}^n$ eine analytische Menge, die lokal durch ein einziges Polynom dargestellt werden kann. Gibt es dann auch ein Polynom f mit Var f = A ?

Allgemeiner wollen wir hier solche Probleme in Unterringen R von R(G) behandeln. In diesem Paragraphen machen wir stets folgende

Voraussetzungen: $(G, \mathcal{O})$ sei eine komplexe oder reelle Steinsche Mannigfaltigkeit und $R \subset R(G)$ ein dichter Unterring im Sinne von 1.4, der die Eigenschaft I bezüglich G erfüllt.

Es sei bemerkt, daß alle Aussagen bei unveränderten Beweisen auch für den Fall richtig sind, daß $\mathcal{O}_z$ für $z \in G$ faktoriell ist, R lokal I bezüglich G erfüllt und jede Funktion $f \in R$ ohne Nullstelle in G schon Einheit in R ist. (Wenn R nur lokal I erfüllt, können wir durch einfache Nenneraufnahme diese letzte Voraussetzung immer erreichen; manchmal ist diese Voraussetzung über die Einheiten auch unnötig.)

A) Cousinverteilungen und Hauptidealverteilungen

Definition 3.1: Sei $\{U_i;\ i\in I\}$ eine offene Überdeckung von G.

a) Eine Cousin-II-Verteilung mit holomorphen (bzw. meromorphen) Funktionen ist eine Familie $\{(U_i,f_i);\ i\in I\}$ mit $f_i\in\Gamma(U_i,\mathcal{O})$ (bzw. $f_i\in\Gamma(U_i,Q(\mathcal{O}))$, so daß $f_i f_j^{-1}\in\Gamma(U_i\cap U_j,\mathcal{O})$ für alle $i,j\in I$ ist.

b) $\{(U_i,f_i);\ i\in I\}$ heißt Cousinverteilung in R (bzw. Q(R), dem Quotientenkörper von R), wenn $f_i\in R$ (bzw. $f_i\in Q(R)$) für alle $i\in I$ und $f_i f_j^{-1}\in\Gamma(U_i\cap U_j,\mathcal{O})$ für alle $i,j\in I$ gilt.

c) Unter einer Lösung einer Cousin-II- (bzw. Cousin-) Verteilung versteht man eine in G holomorphe oder meromorphe Funktion f (bzw. $f\in R$ oder $f\in Q(R)$), so daß ff_i^{-1} und $f_i f^{-1}\in\Gamma(U_i,\mathcal{O})$ für alle $i\in I$ ist.

Da man bekanntlich jeder Cousin-II-Verteilung mit meromorphen Funktionen zwei Cousin-II-Verteilungen mit holomorphen Funktionen zuordnen kann, genügt es, letztere zu studieren. Diese nennen wir von nun an schlechthin Cousin-II-Verteilungen. Da $f_i f_j^{-1}\in\Gamma(U_i\cap U_j,\mathcal{O})$ für alle $i,j\in I$ gilt, hat $f_i f_j^{-1}$ in $U_i\cap U_j$ keine Nullstellen, also gilt $f_i\mathcal{O}_z = f_j\mathcal{O}_z$ für alle $z\in U_i\cap U_j$. Dann gilt offenbar:

Lemma 3.2: a) Jede Cousin-II-Verteilung definiert kanonisch eine lokalfreie, kohärente Idealgarbe.

b) Für jede Cousinverteilung in R $\{(U_i,f_i);\ i\in I\}$ ist $\{(U_i,Rf_i);\ i\in I\}$ eine Hauptidealverteilung.

Der folgende Satz zeigt nun, daß es in Steinschen Mannigfaltigkeiten genügt, Cousinverteilungen in $R(G)$ zu untersuchen, um Aussagen über die Lösbarkeit von Cousin-II-Verteilungen zu bekommen.

Lemma 3.3: Ist G eine Steinsche Mannigfaltigkeit, so gibt es zu jeder Cousin-II-Verteilung $\{(U_i,f_i);\ i\in I\}$ mit $f_i\in \Gamma(U_i,\mathcal{O})$ eine äquivalente Cousinverteilung in $R(G)$ $\{(V_j,g_j);\ j\in J\}$ zu einer Überdeckung $\{V_j;\ j\in J\}$ von G mit $g_j\in R(G)$ und $f_i\mathcal{O}_z = g_j\mathcal{O}_z$ für alle $z\in U_i\cap V_j$.

Beweis: Nach Theorem A und 3.2 a) gibt es ein Ideal $\mathfrak{a}\subset R(G)$, so daß $\mathfrak{a}$ die zur Cousin-II-Verteilung gehörige Idealgarbe erzeugt. Ist $\{g_j;\ j\in J\}\subset R(G)$ ein Erzeugendensystem von $\mathfrak{a}$, $V_j: =$ $= \{z\in G;\ \mathfrak{a}\mathcal{O}_z = g_j\mathcal{O}_z\}$, dann ist $\{(V_j,g_j);\ j\in J\}$ eine Cousinverteilung in $R(G)$ über G, die zu $\{(U_i,f_i);\ i\in I\}$ äquivalent ist:
Denn für $z\in U_i$ ist $\mathfrak{a}\mathcal{O}_z = f_i\mathcal{O}_z$. Weil $\mathcal{O}_z$ ein lokaler Ring ist, gibt es ein $j\in J$ mit $\mathfrak{a}\mathcal{O}_z = g_j\mathcal{O}_z$. Somit ist $\bigcup_{j\in J} V_j = G$ und $f_i\mathcal{O}_z = g_j\mathcal{O}_z$ für alle $z\in U_i\cap V_j$.

In die Sprache der Idealverteilungen übersetzt, bedeutet nun die Lösbarkeit einer Cousinverteilung $\{(U_i,f_i);\ i\in I\}$ mit $f_i\in R$ die Lösbarkeit der Hauptidealverteilung $\{(U_i,Rf_i);\ i\in I\}$ durch ein Hauptideal Rf. Dann interessiert zunächst einmal die Frage, wann eine Hauptidealverteilung in R durch ein beliebiges Ideal $\mathfrak{a}\subset R$ lösbar ist.

Lemma 3.4: Wenn jede endliche Idealverteilung mit lokalfreien Idealen aus R durch ein Ideal $\mathfrak{a}\subset R$ lösbar ist, so ist Var $\mathfrak{p}$ für jedes Primideal $\mathfrak{p}\subset R$ der Höhe ht $\mathfrak{p} = 1$ zusammenhängend (dabei verstehen wir unter der Höhe von $\mathfrak{p}$ die Krulldimension dim $R_{\mathfrak{p}}$ des Ringes $R_{\mathfrak{p}}$).
Wenn R zusätzlich noch noethersch ist, so gilt auch die Umkehrung.

<u>Beweis:</u> Da $(G,\mathcal{O})$ eine Mannigfaltigkeit ist, ist $\mathcal{O}_z$ faktoriell und nach 1.24 auch R_z faktoriell für alle $z \in G$. Ist nun $\mathfrak{p} \subset R$ ein Primideal der Höhe 1, so ist $\mathfrak{p} R_z$ ein Hauptideal in R_z für alle $z \in G$. Wie in 2.12 folgt dann die Behauptung.
Die Umkehrung ist richtig, weil für jede Idealverteilung $\{(U_i, \mathfrak{a}_i);\ i = 1,\dots,n\}$ mit lokalfreien Idealen $\mathfrak{a}_i \subset R$ $\mathfrak{a}_i R_z$ für $z \in U_i$ Durchschnitt von Primäridealen ist, deren Radikal wegen der Faktoriellität von R_z die Höhe 1 haben. Da diese Primideale zusammenhängende Varietät haben, folgt die Behauptung aus 2.11.

Wenn Var $\mathfrak{p}$ für jedes Primideal $\mathfrak{p} \subset R$ der Höhe 1 zusammenhängend ist, so kann man nach 2.11 die zu einer Cousinverteilung assoziierte Hauptidealverteilung auf jedem Kompaktum durch ein Ideal $\mathfrak{a} \subset R$ lösen. Wenn weiter noch alle speziellen Hauptidealverteilungen $\{(K_i, f_i);\ i \in \mathbb{N}\}$ mit $K_i \subset K_{i+1}$ und $Rf_i \supset Rf_{i+1}$ in R lösbar sind, so besitzt jede Cousinverteilung ein Lösungsideal in R. Das Problem der Lösbarkeit von Cousinverteilungen besteht also nun darin, Kriterien zu finden, wann ein solches Lösungsideal Hauptideal ist.

B) Kriterien zur Lösbarkeit von Cousinverteilungen

Im klassischen Fall kennt man topologische Kriterien dafür, wann eine Cousin-II-Verteilung auf einer Steinschen Mannigfaltigkeit lösbar ist. Wenn z.B. $H^2(G,\mathbb{Z}) = 0$ im komplex- oder $H^2(G,\mathbb{Z}/2\mathbb{Z}) = 0$ im reell-analytischen Fall gilt, so ist jedes Cousin-II-Problem auf der Steinschen Mannigfaltigkeit G lösbar. Wir geben hier nun algebraische Kriterium zur Lösbarkeit von Cousinverteilungen in Steinschen Mannigfaltigkeiten G; diese gelten nach 3.3 auch für Cousin-II-Verteilungen. Ist R faktoriell, so erhält man schon ein einfaches Kriterium für die Lösbarkeit von endlichen Cousinverteilungen; es zeigt sich, daß die Bedingung b) aus 3.4 auch hinreichend ist:

Satz 3.5: Ist R faktoriell, so sind äquivalent:

a) Jede endliche Cousinverteilung in R ist lösbar.

b) Für alle Primideale $\mathfrak{p}$ der Höhe 1 ist Var $\mathfrak{p}$ zusammenhängend.

Beweis: a)$\longrightarrow$b) Jedes Primideal der Höhe 1 ist ein Hauptideal, weil R faktoriell ist. Dann folgt die Behauptung mit 2.12.

b)$\longrightarrow$a) Sei $\{(U_i,f_i);\ i = 1,\dots,n\}$ eine endliche Cousinverteilung in R. Da R faktoriell ist, hat jedes Hauptideal Rf_i eine endliche Primärzerlegung $Rf_i = \bigcap_{k=1}^{r_i} \mathfrak{q}_k^i$, wobei die $\mathfrak{q}_k^i$ zu Primidealen $\mathfrak{p}_k^i$ der Höhe 1 primär sind. Sei nun $\mathfrak{a} = \bigcap_{i=1}^{n} \bigcap_{k=1}^{r_i}{}' \mathfrak{q}_k^i$; der Strich soll andeuten, daß der Durchschnitt nur diejenigen Indizes i,k mit Var $\mathfrak{q}_k^i \cap U_i \neq \emptyset$ betrifft. Dann gilt $\mathfrak{a}\mathcal{O}_z = f_i\mathcal{O}_z$ für alle $z \in U_i$ nach 2.1o, weil Var $\mathfrak{p}_k^i$ zusammenhängend ist. Weil R faktoriell ist, ist $\mathfrak{a}$ ein Hauptideal.

Da der Polynomring $R = \mathbb{C}[z_1,\dots,z_n]$ faktoriell und jedes Primideal in R zusammenhängende Varietät hat, ist also jede endliche Cousinverteilung mit Polynomen im $\mathbb{C}^n$ lösbar.

Wenn man im letzten Satz die Voraussetzung, daß R faktoriell ist, fallen läßt, so wird dessen Aussage auch falsch. Weiterhin ist obiger Satz auch unter dieser Voraussetzung für beliebige Cousinverteilungen falsch. Wie beim Theorem A für beliebige Modulverteilungen fordert man sinnvollerweise als zusätzliche Bedingung, daß die <u>speziellen</u> Cousinverteilungen $\{(K_i, f_i);\ i \in \mathbb{N}\}$ lösbar sind, wobei $\{K_i;\ i \in \mathbb{N}\}$ eine kompakte Ausschöpfung von G mit $K_i \subset K_{i+1}$ ist und $Rf_i \supset Rf_{i+1}$ gilt. Auch unter dieser Voraussetzung ist die Faktoriellität von R keine notwendige Bedingung für die Lösbarkeit aller Cousinverteilungen, da in R nicht notwendig die aufsteigende Kettenbedingung für Hauptideale gilt. Um hinreichende und notwendige Bedingungen für die Lösbarkeit aller Cousinverteilungen zu finden, untersuchen wir im folgenden, wie man die Faktoriellität von R durch geeignete "Faktoriellitätseigenschaften" von R passend abschwächen muß. Zunächst beweisen wir ein Analogon zu 2.15 für die speziellen Cousinverteilungen:

<u>Lemma 3.6:</u> Ist jede spezielle Cousinverteilung $\{(K_i, f_i);\ i \in \mathbb{N}\}$ mit $K_i \subset K_{i+1}$ und $Rf_i \supset Rf_{i+1}$ durch ein $f \in R$ lösbar, so ist jede Cousinverteilung $\{(K_i, g_i);\ i \in \mathbb{N}\}$ mit $K_i \subset K_{i+1}$ durch ein $g \in R$ lösbar.

<u>Beweis:</u> Wie in 2.15 kann man OE $K_i = \hat{K}_i$ annehmen. Weil $g_i \mathcal{O}_z = g_{i+1} \mathcal{O}_z$ für alle $z \in K_i$ gilt, folgt nach Satz 1.1o $g_i R_{K_i} = g_{i+1} R_{K_i}$. Dann existieren Funktionen $s_i, t_i \in R$, die in K_i keine Nullstellen haben, so daß $g_i s_i = g_{i+1} t_i$ ist. Somit ist $\{(K_i, \prod_{j=1}^{i-1} s_j);\ i \in \mathbb{N}\}$ eine spezielle Cousinverteilung, die durch ein $s \in R$ gelöst werde. Da $s\mathcal{O}_z = (\prod_{j=1}^{i-1} s_j)\mathcal{O}_z$ für $z \in K_i$ und für

$k \geq i$ $(\prod_{j=1}^{i-1} s_j)\mathcal{O}_z \supset (\prod_{j=1}^{k-1} s_j)\mathcal{O}_z = s\mathcal{O}_z$ für alle $z \in K_k$ ist, gilt $(\prod_{j=1}^{i-1} s_j)\mathcal{O}_z \supset s\mathcal{O}_z$ für alle $z \in G$. Weil R I erfüllt, ist $(\prod_{j=1}^{i-1} s_j)R \supset sR$. Dann gibt es für jedes $i \in \mathbb{N}$ ein $h_i \in R$, so daß $s = h_i \cdot (\prod_{j=1}^{i-1} s_j)$ ist und h_i in K_i keine Nullstelle hat. Folglich sind die Verteilungen $\{(K_i, g_i);\ i \in \mathbb{N}\}$ und $\{(K_i, g_i h_i);\ i \in \mathbb{N}\}$ äquivalent. Wegen $h_i = h_{i+1} s_i$ gilt $Rg_i h_i = Rg_i s_i h_{i+1} =$
$= Rg_{i+1} t_i h_{i+1} \subset Rg_{i+1} h_{i+1}$. Somit können wir ohne Einschränkung $Rg_i \subset Rg_{i+1}$ annehmen.

Ist nun $r_i \in R$ definiert durch $g_{i+1} r_i = g_i$, so ist $\{(K_i, \prod_{j=1}^{i-1} r_j);\ i \in \mathbb{N}\}$ eine Cousinverteilung mit absteigenden Idealen. Nach Voraussetzung ist diese durch ein $r \in R$ lösbar. Da für jedes $i \in \mathbb{N}$ $g_{i+1} r\mathcal{O}_z = g_1 \mathcal{O}_z$ für alle $z \in K_i$ ist, gilt $r\mathcal{O}_z \supset g_1 \mathcal{O}_z$ für alle $z \in G$. Dann ist auch $g_1 R \subset rR$. Also gibt es ein $g \in R$ mit $g_1 = gr$. Nun löst g die Verteilung $\{(K_i, g_i);\ i \in \mathbb{N}\}$, da $(g_i \prod_{j=1}^{i-1} r_j)\mathcal{O}_z =$
$= g_1 \mathcal{O}_z = gr\mathcal{O}_z = (g \prod_{j=1}^{i-1} r_j)\mathcal{O}_z$ für alle $z \in K_i$ ist.

Ferner benötigen wir folgende Hilfssätze:

<u>Lemma 3.7:</u> Sind in R alle speziellen Idealverteilungen $\{(K_i, Rg_i);\ i \in \mathbb{N}\}$ mit $K_i \subset K_{i+1}$ und $Rg_i \supset Rg_{i+1}$ durch Ideale $\mathfrak{a} \subset R$ lösbar, so gilt für jede Familie $\{f_j;\ j \in J\} \subset R$ mit $\bigcap_{j \in J} Rf_j \neq 0$:

$$\bigcap_{j \in J} (f_j R_z) = (\bigcap_{j \in J} Rf_j) R_z \text{ für alle } z \in G.$$

<u>Beweis:</u> Nach 2.19 müssen wir zeigen, daß $\{Rf_j;\ j \in J\}$ eine lokal-endliche Familie von Idealen ist. Sei also $K = \hat{K} \subset G$ kompakt.

Wenn wir nun annehmen, daß die Aussage des Satzes falsch wäre, so gibt es zu jeder endlichen Teilmenge $\{f_1,\ldots,f_n\} \subset \{f_j; j \in J\}$ ein f_{n+1} mit $f_{n+1}\mathcal{O}_z \not\supset (\bigcap_{i=1}^{n} Rf_i)\mathcal{O}_z$ für ein $z \in K$. Dann gilt auch $R_K f_{n+1} \not\supset \bigcap_{i=1}^{n} R_K f_i$. Folglich erhalten wir in R_K eine echt absteigende Idealkette

$$R_K f_1 \underset{\neq}{\supset} (R_K f_1 \cap R_K f_2) \underset{\neq}{\supset} \ldots \underset{\neq}{\supset} (\bigcap_{j \in J} Rf_j) R_K \neq 0.$$

Da nach Satz 1.27 R_K normaler noetherscher Ring ist, ist jedes Ideal $\mathfrak{a}_n = \bigcap_{i=1}^{n} R_K f_i$ ein endlicher Durchschnitt von symbolischen Potenzen von Primidealen der Höhe 1. Dann tauchen in der Zerlegung von $\mathfrak{a} := \bigcap_{i \in \mathbb{N}} \mathfrak{a}_i$ entweder unendlich viele Primärideale zu verschiedenen Primidealen der Höhe 1 oder unendlich viele Potenzen eines Primideales auf; in beiden Fällen müßte dann $\mathfrak{a} = 0$ sein. Widerspruch!

Es sei bemerkt, daß ohne die Voraussetzung $\bigcap_{j \in J} Rf_j \neq 0$ Lemma 3.7 falsch ist (z.B. $R = R(\mathbb{C})$, $f_j = z - 1/j$ für $j \in \mathbb{N} = J$).

Lemma 3.8: Jede spezielle Cousinverteilung $\{(K_i, f_i); i \in \mathbb{N}\}$ mit $K_i \subset K_{i+1}$ und $Rf_i \supset Rf_{i+1}$ sei durch ein $f \in R$ lösbar. Dann existiert zu jedem $g \in R$ ein irreduzibles Element $h \in R$ mit $Rh \supset Rg$. Genauer gibt es sogar zu jedem Primideal $\mathfrak{p} \subset R$ mit $\operatorname{Var}\mathfrak{p} \neq \emptyset$ und $g \in \mathfrak{p}$ ein in R irreduzibles Element h mit $h \in \mathfrak{p}$ und $Rg \subset Rh$.

Beweis: Sei $\{K_i; i \in \mathbb{N}\}$ eine kompakte Ausschöpfung von G mit $K_i \subset K_{i+1}$. Zu jedem $K_{i+1} \subset G$ und jedem $h_i \in \mathfrak{p}$ existiert ein Element $h_{i+1} \in \mathfrak{p}$ mit $Rh_{i+1} \supset Rh_i$, so daß für jedes $f \in \mathfrak{p}$ mit $Rf \supset Rh_{i+1}$ schon $R_{K_{i+1}} f = R_{K_{i+1}} h_{i+1}$ ist. Denn andernfalls gäbe es eine Folge $f_n \in \mathfrak{p}$

mit $Rf_n \subset Rf_{n+1}$ und $R_{K_{i+1}} f_n \subsetneq R_{K_{i+1}} f_{n+1}$; weil R_K für jedes Kompaktum $K \subset G$ jedoch noethersch ist, ist das nicht möglich. Wir setzen nun $h_o = g$ und erhalten so eine aufsteigende Folge $Rg \subset Rh_1 \subset \ldots$, so daß für jedes $z \in K_i$ $h_i \mathcal{O}_z = h_{i+j} \mathcal{O}_z$ für alle $j \geqslant o$ gilt. Somit ist $\{(K_i, h_i);\ i \in \mathbb{N}\}$ eine Cousinverteilung, die nach 3.6 eine Lösung $h \in R$ besitzt. Da R I bezüglich G erfüllt, folgt aus $h_o \mathcal{O}_z =$ $= g\mathcal{O}_z \subset h_i \mathcal{O}_z = h\mathcal{O}_z$ für alle $z \in K_i$ und alle $i \in \mathbb{N}$ schon $Rg \subset Rh$. Da $\mathrm{Var}\, \mathcal{Y} \neq \emptyset$ ist, folgt aus $h\mathcal{O}_z = h_i \mathcal{O}_z \subset \mathcal{Y}\mathcal{O}_z$ für alle $z \in K_i$ und alle $i \in \mathbb{N}$ auch $hR \subset \mathcal{Y}$ nach Satz 1.17. Wäre h nicht irreduzibel, so gäbe es ein $r \in \mathcal{Y}$ mit $Rr \supsetneq Rh$. Dann gäbe es wegen Eigenschaft I für R schon ein $z \in K_i$ mit $r\mathcal{O}_z \supsetneq h\mathcal{O}_z = h_i \mathcal{O}_z$; das widerspricht aber der Konstruktion von h_i.

Im folgenden beweisen wir unter der Voraussetzung, daß die speziellen Cousinverteilungen lösbar sind, die Äquivalenz verschiedener Faktoriellitätseigenschaften. Diese Eigenschaften werden sich als die richtige Abschwächung der Faktorielltät in analytischen Ringen R erweisen: Gilt in R nämlich noch zusätzlich die aufsteigende Kettenbedingung für Hauptideale, so ist R faktoriell. Diese Kettenbedingung ist aber in der Regel in analytischen Ringen nicht erfüllt.

<u>Lemma 3.9:</u> Sind in R alle speziellen Verteilungen $\{(K_i, g_i);\ i \in \mathbb{N}\}$ mit $K_i \subset K_{i+1}$ und $Rg_i \supset Rg_{i+1}$ durch ein $g \in R$ lösbar, so sind folgende Faktoriellitätseigenschaften äquivalent:

A: Für jedes Kompaktum $K \subset G$ ist R_K faktoriell.

B: Der Durchschnitt über eine Familie von Hauptidealen in R ist ein Hauptideal.

C: Der Durchschnitt zweier Hauptideale in R ist ein Hauptideal.

D: Jedes Primärideal in R, das zu einem Primideal der Höhe 1 primär ist und eine Nullstelle in G hat, ist ein Hauptideal.

E: Jedes Primideal der Höhe 1 in R mit Nullstelle in G ist Hauptideal.

F: "Teilerfremdheit" ist in R eine lokale Folge, d.h: zwei Funktionen $f,g \in R$ sind genau dann teilerfremd in R, wenn f und g in $\mathcal{O}_z$ (oder R_z) für alle $z \in G$ teilerfremd sind.

G: Jedes irreduzible Element in R ist prim.

H: Für jedes $f \in R$ ist $\overline{\mathrm{Rad}\ Rf}$ wieder ein Hauptideal.

<u>Beweis:</u> A⟶B: Sei $\mathfrak{a} = \bigcap_{j \in I} Rf_j$ ein Durchschnitt einer Familie von Hauptidealen. Nach 3.7 ist dann entweder $\mathfrak{a} = o$ oder $\mathfrak{a}R_z = \bigcap_{j \in I} f_j R_z$ für alle $z \in G$. Weil $\mathcal{O}_z$ regulär ist, ist R_z regulär und somit auch faktoriell; dann ist $\mathfrak{a}R_z$ ein Hauptideal.
Sei nun $\{K_i;\ i \in \mathbb{N}\}$ eine kompakte Ausschöpfung von G mit $K_i \subset K_{i+1}$. Da R_{K_i} faktoriell ist, ist $\mathfrak{a}R_{K_i}$ als lokalfreies Ideal ein Hauptideal; es gibt also $g_i \in R$ mit $\mathfrak{a}R_{K_i} = g_i R_{K_i}$. Dann ist nach 3.6 die Cousinverteilung $\{(K_i, g_i);\ i \in \mathbb{N}\}$ durch ein $g \in R$ lösbar. Also gilt $\mathfrak{a}\mathcal{O}_z = g\mathcal{O}_z$ für alle $z \in G$. Weil R die Eigenschaft I erfüllt, gilt für alle Hauptideale $Rg = \overline{Rg}$. Wegen $\mathfrak{a} = \overline{\mathfrak{a}}$ folgt $\mathfrak{a} = gR$.
B⟶C⟶A: Offenbar ist der Durchschnitt zweier Hauptideale aus R_K wieder ein Hauptideal. Da R_K nach 1.10 noethersch ist, ist R_K dann faktoriell.
A⟶D: Wir benutzen dieselben Bezeichnungen wie in A⟶B. Sei $\mathfrak{q} \subset R$ ein Primärideal der Höhe 1 mit Nullstelle in G. Weil R_{K_i} faktoriell ist, ist $\mathfrak{q}R_{K_i}$ ein Hauptideal. Wie in A⟶B folgert man, daß es ein $g \in R$ mit $\mathfrak{q}\mathcal{O}_z = g\mathcal{O}_z$ für alle $z \in G$ gibt. Da für Primärideale mit Nullstelle $\mathfrak{q} = \overline{\mathfrak{q}}$ nach 1.17 gilt, ist $\mathfrak{q} = gR$.

$D \longrightarrow E$: trivial!

$E \longrightarrow F$: Trivialerweise sind f,g in R teilerfremd, wenn sie in allen Ringen R_z teilerfremd sind. Seien also umgekehrt $f,g \in R$ in R teilerfremd. Wenn f,g in R_z für ein $z \in G$ nicht teilerfremd wären, so gäbe es ein Primideal $\mathcal{Y} \subset R$ der Höhe 1 mit $z \in \operatorname{Var} \mathcal{Y}$ und $f,g \in \mathcal{Y}R_z$. Nach 1.17 wäre dann $f,g \in \mathcal{Y}$. Da $\mathcal{Y}$ nach E ein Hauptideal wäre, bekäme man so einen Widerspruch. Da mit $\mathcal{O}_z$ auch R_z faktoriell ist, sind f,g in R_z genau dann teilerfremd, wenn $fR_z \cap gR_z = fgR_z$ gilt. Nach 2.6 gilt das letzte genau dann, wenn $f\mathcal{O}_z \cap g\mathcal{O}_z = fg\mathcal{O}_z$ gilt, also wenn f,g in $\mathcal{O}_z$ teilerfremd sind.

$F \longrightarrow G$: Ist $f \in R$ irreduzibel in R, so gibt es ein Primideal $\mathcal{Y} \subset R$ der Höhe 1 mit $\operatorname{Var} \mathcal{Y} \neq \emptyset$ und $f \in \mathcal{Y}$. Wenn ein $g \in \mathcal{Y} - Rf$ existiert, so wären f,g in R und damit nach F auch in R_z für $z \in \operatorname{Var} \mathcal{Y}$ teilerfremd. Da R_z faktoriell ist, ist $\mathcal{Y}R_z$ ein Hauptideal; folgich könnten $f,g \in \mathcal{Y}R_z$ nicht teilerfremd sein. Also ist $\mathcal{Y} = Rf$ und damit f Primelement in R.

$G \longrightarrow A$: Da R_K noethersch ist, müssen wir nur zeigen, daß jede irreduzible Nichteinheit $f \in R_K$ in R_K prim ist. Ohne Einschränkung ist $f \in R$. Dann gibt es nach 3.8 ein irreduzibles $g \in R$, das in R_K keine Einheit ist, mit $Rf \subset Rg$. Dann ist $fR_K = gR_K$. Da g in R prim ist, ist g auch in R_K prim. Also ist f in R_K prim.

$A \longrightarrow H$: Für jedes $f \in R$ ist $\operatorname{Rad}(R_K f) = (\operatorname{Rad} Rf)R_K$. Da R_K faktoriell ist, ist $(\operatorname{Rad} Rf)R_K$ dann ein Hauptideal in R_K. Wie in $A \longrightarrow B$ folgert man die Behauptung.

$H \longrightarrow A$: Für jedes Kompaktum $K \subset G$ ist R_K nach 1.10 noethersch und nach 1.27 normal. Ferner ist für jedes $f = g/s \in R_K$ mit $g,s \in R$, $s(z) \neq 0$ für alle $z \in K$ stets $\operatorname{Rad} R_K f = \operatorname{Rad} R_K g = (\overline{\operatorname{Rad} Rg})R_K$. Da $\overline{\operatorname{Rad} Rg}$ ein Hauptideal ist, ist $\operatorname{Rad} R_K f$ ein Hauptideal in R_K. Ein noetherscher, normaler Ring, in dem das Radikal eines Hauptideals wieder ein Hauptideal ist, ist aber schon faktoriell, wie aus untenstehender Bemerkung folgt:

Bemerkung: (H.Lindel, vgl.[9]) Ist R ein noetherscher, normaler Integritätsring, in dem das Radikal jedes Hauptideals wieder ein Hauptideal ist, so ist R faktoriell.

Beweis: Wir zeigen, daß jedes irreduzible Element in R prim ist. Sei $g \in R$ irreduzibel. Dann gibt es ein Primideal $\mathfrak{P} \subset R$ der Höhe 1 mit $\mathfrak{P} \supset Rg$. Wäre $\mathfrak{P} \neq Rg$, so existiert ein irreduzibles $f \in \mathfrak{P} - Rg$. Sei F bzw. G die Menge der minimalen Primoberideale von Rf bzw. Rg. Da irreduzible Elemente hier reduziert sind, ist wegen $Rf \neq Rg$ auch $F \neq G$. Da R normal ist, ist $F \cup G$ die Menge der minimalen Primoberideale von $Rh = \mathrm{Rad}(Rfg)$. Offensichtlich ist $Rh \subset Rf$. Wegen $F \neq F \cup G$ ist dann $h = fc$, wobei c keine Einheit ist. Wegen $fg \in \mathfrak{P}^2$ ist $Rfg \subsetneq Rh$, somit $fg = hd$, wobei d keine Einheit sein kann. Dann ist $g = dc$. Widerspruch!

Die Bedingungen A - H aus 3.9 sind im allgemeinen nicht äquivalent: Denn auch wenn in $R = R(G)$ die Eigenschaft A gilt, braucht nicht jedes Cousin-Problem lösbar zu sein, wie im Anschluß an 3.11 erläutert wird; bei der Gültigkeit von B ist nach 3.15 aber jedes Cousin-Problem lösbar.

Mit 3.6 und 3.9 folgt nun unser Hauptsatz über Cousinverteilungen:

Theorem 3.1o: Sei $(G,\mathcal{O})$ eine Steinsche Mannigfaltigkeit, $R \subset R(G)$ ein Unterring mit I bezüglich G. Dann sind äquivalent

1) Jede Cousinverteilung in R ist lösbar.

2) a) Jede spezielle Cousinverteilung $\{(K_i,f_i);\ i\in\mathbb{N}\}$ mit $K_i\subset K_{i+1}$ und $Rf_i\supset Rf_{i+1}$ ist in R lösbar.

b) Für alle Primideale $\mathfrak{p}\subset R$ der Höhe 1 ist $\mathrm{Var}\,\mathfrak{p}$ zusammenhängend.

c) In R gilt eine der äquivalenten Faktoriellitätseigenschaften A - H aus 3.9.

<u>Beweis:</u> 1)$\longrightarrow$2c): Sei $\mathfrak{p}\subset R$ ein Primideal der Höhe 1 und $\mathrm{Var}\,\mathfrak{p}\neq\emptyset$. Da nach 1.24 R_z faktoriell ist, gibt es zu jedem $z\in G$ ein $f_z\in R$, so daß $\mathfrak{p}R_z = f_zR_z$ ist. Dann ist für eine Umgebung U(z) die Beziehung $\mathfrak{p}\mathcal{O}_x = f_z\mathcal{O}_x$ für alle $x\in U(z)$ erfüllt. Folglich ist $\{(U(z),f_z);z\in G\}$ eine Cousinverteilung in R über G. Ist f eine Lösung, so ist $\mathfrak{p}\mathcal{O}_z = f\mathcal{O}_z$ für alle $z\in G$. Dann ist $\mathfrak{p} = Rf$.
1)$\longrightarrow$2b): Da nach Obigem jedes Primideal der Höhe 1 mit $\mathrm{Var}\,\mathfrak{p}\neq\emptyset$ ein Hauptideal ist, folgt die Behauptung mit 2.12.
2)$\longrightarrow$1): Sei $\{(U_j,f_j);\ j\in I\}$ eine Cousinverteilung in R. Nach 2.11 und 2.17 gibt es dann ein Ideal $\mathfrak{a}\subset R$ mit $\mathfrak{a}\mathcal{O}_z = f_j\mathcal{O}_z$ für $z\in U_j$ für alle $j\in I$. Sei $\{K_i;\ i\in\mathbb{N}\}$ eine kompakte Ausschöpfung von G mit $K_i\subset K_{i+1}$. Nach 3.9 A) ist dann das lokalfreie Ideal $\mathfrak{a}R_{K_i}$ ein Hauptideal $\mathfrak{a}R_{K_i} = g_iR_{K_i}$, wobei OE $g_i\in R$ ist. Nach 3.6 gibt es dann eine Lösung $g\in R$ der Cousinverteilung $\{(K_i,g_i);\ i\in\mathbb{N}\}$. Dann ist g auch eine Lösung der Verteilung $\{(U_j,f_j);\ j\in I\}$.

Mit 3.9 F folgt übrigens, daß zwei teilerfremde Funktionen aus einem Ring R, in dem alle Cousinverteilungen lösbar sind, auch in jedem analytischen Oberring $R'\supset R$ teilerfremd sind.
Da in R = R(G) nach 2.13 alle Primideale eine zusammenhängende Varietät haben, liefert 3.1o in Verbindung mit 3.3:

<u>Satz 3.11:</u> Ist G eine Steinsche Mannigfaltigkeit, so sind äquivalent:

1) Jedes klassische Cousin-II-Problem ist lösbar.

2) a) Jede spezielle Cousinverteilung $\{(K_i, f_i);\ i \in \mathbb{N}\}$ mit $K_i \subset K_{i+1}$ und $R(G)f_i \supset R(G)f_{i+1}$ ist in R(G) lösbar.

   b) In R(G) gilt eine der äquivalenten Faktoriellitätseigenschaften A - H aus 3.9.

Wenn in 3.1o oder 3.11 G eine <u>komplexe</u> Steinsche Mannigfaltigkeit ist, so kann man die Faktoriellitätseigenschaften A - H aus 3.9 noch durch weitere äquivalente Bedingungen ersetzen:

F': Zwei Funktionen $f, g \in R$ sind genau dann in R teilerfremd, wenn $\dim(\mathrm{Var}\, f \cap \mathrm{Var}\, g) < \dim G - 1$ ist.

H': Für jedes Hauptideal Rf ist das Verschwindungsideal $\mathrm{Id}(\mathrm{Var}\, f) \subset R$ wieder ein Hauptideal.

Da bekanntlich Teilerfremdheit in $\mathcal{O}_z$ die Bedingung F' bedeutet, ist F' mit 3.9, F) äquivalent. Weil nach dem Hilbertschen Nullstellensatz 1.19 $(\overline{\mathrm{Rad}\, Rf}) = \mathrm{Id}(\mathrm{Var}\, Rf)$ gilt, folgt die Äquivalenz von H' mit 3.9, H).

Beide Bedingungen 2a) und 2b) in 3.11 sind ebenso wie die drei Bedingungen 2a),b),c) in 3.1o wirklich notwendig. Es kann z.B. 2b) A erfüllt sein, aber trotzdem nicht jede Cousin-II-Verteilung lösbar sein. Sei z.B. G eine Steinsche Mannigfaltigkeit, in der nicht alle Cousin-II-Probleme lösbar sind, in der aber jedes Cousin-II-Problem auf jeder kompakten Menge $K \subset G$ lösbar ist (siehe Beispiel aus [18]).

Dann ist 2b) A erfüllt, denn es ist sogar R_K für alle Unterringe $R \subset R(G)$ faktoriell: Man kann OE $K = \hat{K}$ annehmen. Es genügt zu zeigen, daß für jedes Primideal $\mathfrak{p} \subset R$ der Höhe 1 mit $\operatorname{Var} \mathfrak{p} \cap K \neq \emptyset$ stets $\mathfrak{p}R_K$ ein Hauptideal ist, da R_K nach 1.10 noethersch ist. Nun definiert $\mathfrak{p}$ eine Cousinverteilung über G. Diese ist in einer Umgebung U von K durch ein $g \in R(U)$ lösbar; man kann OE U als Steinsch annehmen. Dann erfüllt $R(U)_K$ nach 1.11 I bezüglich K; also gilt $\mathfrak{p}R(U)_K = gR(U)_K$. Da R in R(G) und R(G) in R(K) wegen $K = \hat{K}$ dicht liegt, ist $R_K \subset R(U)_K \subset R(K)$ dicht. Dann ist nach 1.28 $\mathfrak{p}R_K$ ein Hauptideal, somit ist R_K faktoriell. - Mit 3.10 folgt weiter aus diesen Überlegungen:

<u>Satz 3.12:</u> In G sei jede Cousin-II-Verteilung lösbar. Sind in R alle speziellen Cousinverteilungen $\{(K_i, f_i);\ i \in \mathbb{N}\}$ mit $K_i \subset K_{i+1}$ und $Rf_i \supset Rf_{i+1}$ lösbar und hat jedes Primideal $\mathfrak{p} \subset R$ der Höhe 1 eine zusammenhängende Varietät, so ist jede Cousinverteilung in R lösbar.

Die Lösbarkeit der speziellen Cousinverteilungen $\{(K_i, f_i);\ i \in \mathbb{N}\}$ in R(G) ist nach [18] eine topologische Bedingung: Sie ist erfüllt, wenn die erste Bettische Gruppe B^1 von G eine freie abelsche Gruppe ist. Diese Bedingung ist echt schwächer als die Lösbarkeit aller Cousinverteilungen, also schwächer als $H^2(G, \mathbb{Z}) = 0$. Im folgenden Satz zeigen wir, daß die Lösbarkeit der speziellen Cousinverteilungen in R(G) im reell-analytischen Fall immer erfüllt ist (im komplexen Fall sind diese Verteilungen nach 3.26 für einfach zusammenhängende G auch stets lösbar).

Lemma 3.13: Sei G eine reellanalytische Mannigfaltigkeit, $R = R(G)$. Dann ist jede Cousinverteilung $\{(K_i, f_i);\ i \in \mathbb{N}\}$ mit $K_i \subset K_{i+1}$ lösbar.

Beweis: Ohne Einschränkung ist G zusammenhängend. Dann können wir G durch zusammenhängende Kompakta K_i^* ausschöpfen. Es gibt dann zu jedem i ein n(i) mit $K_i^* \subset K_{n(i)}$ mit OE $n(i) \leq n(i+1)$. Dann ist $\{(K_i^*, f_{n(i)});\ i \in \mathbb{N}\}$ eine äquivalente Verteilung. Wir können also OE K_i als zusammenhängend annehmen. Da $f_i \mathcal{O}_z = f_{i-1}\mathcal{O}_z$ für alle $z \in K_{i-1}$, ist dann entweder $(f_i/f_{i-1})(z) > 0$ für alle $z \in K_{i-1}$ oder $(f_i/f_{i-1})(z) < 0$ für alle $z \in K_{i-1}$. Indem wir gegebenenfalls f_i durch $-f_i$ ersetzen, erhalten wir damit $(f_i/f_{i-1})(z) > 0$ für alle $z \in K_i \cap K_{i-1}$. Dann ist $g_{ij} = \log(f_i/f_j)$ eine in $K_i \cap K_j$ reellanalytische Funktion mit $g_{ij} + g_{jk} + g_{ki} = 0$ in $K_i \cap K_j \cap K_k$ sowie $g_{ij} = -g_{ji}$ in $K_i \cap K_j$. Die g_{ij} definieren also eine Cousin-I-Verteilung, die in Steinschen Mannigfaltigkeiten bekanntlich lösbar sind. Sei $\{h_i;\ i \in \mathbb{N}\}$ eine Lösung, also $g_{ij} = h_i - h_j$. Dann löst die konsistent auf G durch $f(z) = f_i(z) \cdot e^{-h_i(z)}$ für alle $z \in K_i$ definierte Funktion $f \in R(G)$ die Cousinverteilung $\{(K_i, f_i);\ i \in \mathbb{N}\}$.

Wir haben oben gesehen, daß von den Bedingungen in 3.1o keine weggelassen werden darf. Wenn wir jedoch für R voraussetzen, daß jede Hauptidealverteilung ein Lösungsideal hat (wenn also insbesondere Theorem A für R gilt), können wir weniger fordern:

Satz 3.14: Genau dann hat jede Cousinverteilung in R eine Lösung $f \in R$, wenn jede Hauptidealverteilung ein Lösungsideal $\mathfrak{a} \subset R$ hat und wenn der Durchschnitt von Hauptidealen in R wieder ein Hauptideal ist.

<u>Beweis:</u> Wir weisen die Bedingungen aus 3.1o nach: 2b) gilt nach 3.4. Da für die speziellen Verteilungen $\{(K_i,f_i);\ i\in \mathbb{N}\}$ ein Lösungsideal $\mathfrak{a} \subset R$ existiert, ist $\mathfrak{a} \subset \bigcap_{i\in \mathbb{N}} Rf_i = Rf$. Dann folgt sofort 2a).

Mit dem Cartan'schen Theorem A und 3.3 gilt dann:

<u>Satz 3.15:</u> Ist G eine Steinsche Mannigfaltigkeit, so ist das klassische Cousin-II-Problem genau dann lösbar, wenn in R(G) der Durchschnitt von Hauptidealen ein Hauptideal ist.

Schließlich wollen wir noch ein spezielles Kriterium für den eindimensionalen Fall geben (vgl.[15]):

<u>Satz 3.16:</u> Sei G eine 1-dimensionale Steinsche Mannigfaltigkeit. In R seien alle speziellen Cousinverteilungen $\{(K_i,f_i);\ i\in \mathbb{N}\}$ mit $K_i \subset K_{i+1}$ und $Rf_i \supset Rf_{i+1}$ lösbar. Dann ist jede Cousinverteilung in R lösbar. Weiter sind alle Ideale $\mathfrak{a} \subset R$ mit $\mathfrak{a} = \overline{\mathfrak{a}}$ Hauptideale.

<u>Beweis:</u> Wegen dim G = 1 sind in G alle Cousin-II-Verteilungen lösbar. Nach 3.12 genügt es dann, zu zeigen, daß Var$\mathfrak{p}$ für alle Primideale $\mathfrak{p}$ der Höhe 1 zusammenhängend ist. Da nach 1.9 R_z noethersch und nach 1.22 $\hat{R}_z = \hat{\mathcal{O}}_z$ gilt, ist R_z ein regulärer Ring der Dimension 1. Folglich ist $\mathfrak{p} R_z$ das maximale Ideal in R_z, wenn $z \in$ Var$\mathfrak{p}$ ist. Dann ist $\mathfrak{p}$ das Verschwindungsideal zu z. Somit ist Var$\mathfrak{p} = \{z\}$ zusammenhängend. Die zweite Behauptung folgt aus der ersten, da jedes Ideal $\mathfrak{a} \subset R$ wegen dim G = 1 eine Cousinverteilung definiert.

C) R-meromorphe Funktionen

Als Anwendung von Theorem A und der Theorie der Cousinverteilung werden wir nun einige Sätze über R-meromorphe Funktionen herleiten, die Aussagen über die Darstellung meromorpher Funktionen als Quotient zweier holomorpher Funktionen machen. In diesem Absatz sollen wieder die üblichen Voraussetzungen dieses Paragraphen gelten, jedoch genügt es, daß R lokal I bezüglich G erfüllt.

Definition 3.17: Eine holomorphe (bzw. meromorphe) Funktion h (bzw. m) heißt R-holomorph (bzw. R-meromorph), wenn es zu jedem $z \in G$ Funktionen $f,g \in R$ und $e \in \mathcal{O}_z$ mit $e(z) \neq 0$ gibt, so daß in einer Umgebung von z $h = ef$ (bzw. $m = e(f/g)$, wobei $g \neq 0$) gilt.

Lemma 3.18: Sind in R alle Hauptidealverteilungen lösbar, so ist jede R-meromorphe Funktion m von der Form $m = g/f$, wobei g R-holomorph und $f \in R$ mit $f \neq 0$ ist.

Beweis: Für jedes $z \in G$ gibt es $f_z, g_z \in R$ und $e_z \in \mathcal{O}_z^{*}$, so daß in einer Umgebung von z $m = e_z(g_z/f_z)$ gilt. Da R_z nach 1.24 faktoriell ist, gibt es ein $h_z \in R$ mit $h_z R_z = (f_z R_z : g_z R_z) = \{r \in R_z;\ r g_z \in f_z R_z\}$. Dann ist auch $h_z \mathcal{O}_z = (f_z \mathcal{O}_z : g_z \mathcal{O}_z)$. Nun gibt es eine Umgebung V_z von z, so daß $h_z \mathcal{O}_x = (f_z \mathcal{O}_x : g_z \mathcal{O}_x)$ und somit auch $h_z R_x = (f_z R_x : g_z R_x)$ für alle $x \in V_z$ gilt. Wählt man V_z so klein, daß $e_z(x) \neq 0$ für $x \in V_z$ ist, so ist $\{(V_z, Rh_z);\ z \in G\}$ eine Hauptidealverteilung, wie man leicht nachrechnet. Ist $\mathfrak{a} \subset R$ ein Lösungsideal, dann ist für $f \in \mathfrak{a}$, $f \neq 0$, auch $f g_z \mathcal{O}_z \subset f_z \mathcal{O}_z$, also auch $f g_z R_z \subset f_z R_z$. Folglich ist $fm = g$ eine R-holomorphe Funktion.

Satz 3.19: Ist Var $\mathfrak{p}$ für alle Primideale $\mathfrak{p}$ der Höhe 1 in R zusammenhängend und ist jede spezielle Verteilung $\{(K_i, f_i);\ i \in \mathbb{N}\}$ mit $K_i \subset K_{i+1}$ und $Rf_i \supset Rf_{i+1}$ durch ein $f \in R$ lösbar, dann ist jede R-meromorphe Funktion m von der Form $m = e(g/f)$ mit $f, g \in R$, $f \neq 0$ und $e \in R(G)^{\times}$. Weiter ist jede R-holomorphe Funktion g von der Gestalt $g = eh$ mit $h \in R$ und $e \in R(G)^{\times}$.

Beweis: Nach 2.11 und 2.17 ist jede Hauptidealverteilung in R lösbar. Nach dem letzten Lemma genügt es dann, die letzte Behauptung zu beweisen. Da g eine R-holomorphe Funktion ist, gibt es eine Überdekkung $\{U_i;\ i \in I\}$ von G und Funktionen $f_i \in R$ mit $g\mathcal{O}_z = f_i\mathcal{O}_z$ für alle $z \in U_i$. Dann besitzt die Verteilung $\{(U_i, Rf_i);\ i \in I\}$ ein Lösungsideal $\mathfrak{a} \subset R$. Da für jedes Kompaktum $K = \hat{K}$ in G R(G) in R(K) nach 1.1 dicht und $R \subset R(G)$ dicht ist, ist $R_K \subset R(G)_K \subset R(K)$ dicht. Weil $R(G)_K$ nach 1.11 I bezüglich K erfüllt, gilt $\mathfrak{a}R(G)_K = gR(G)_K$. Nach 1.28 ist dann $\mathfrak{a}R_K$ ein Hauptideal. Sei nun $\{K_j;\ j \in \mathbb{N}\}$ eine kompakte Ausschöpfung von G mit $K_j = \hat{K}_j$ und $K_j \subset \mathring{K}_{j+1}$. Dann ist die Verteilung $\{(U_i, f_i);\ i \in I\}$ zu einer Verteilung $\{(K_j, g_j);\ j \in \mathbb{N}\}$ mit $g_j \in R$ äquivalent, da ja $\mathfrak{a}R_{K_j}$ ein Hauptideal war. Nach 3.6 ist diese Verteilung durch ein $h \in R$ lösbar. Es ist also $h\mathcal{O}_z = g\mathcal{O}_z$ für alle $z \in G$; somit ist $g = he$ mit $e \in R(G)^{\times}$.

Der folgende Satz gibt (analog dem vor 3.2 Gesagten) die Rechtfertigung dafür, daß wir uns bis jetzt nicht mit Cousinverteilungen von meromorphen Funktionen aus Q(R) beschäftigt haben:

Satz 3.2o: Ist in R jede Cousinverteilung lösbar, so hat auch jede in Q(R) gegebene Cousinverteilung $\{(U_i, g_i/f_i);\ i \in I\}$ mit $g_i, f_i \in R$ eine Lösung g/f mit $g, f \in R$, $f \neq 0$, wobei überdies f zu g in $\mathcal{O}_z$ für alle $z \in G$ teilerfremd ist. Jedes Paar (g,f) mit diesen Eigenschaften ist bis auf Einheiten eindeutig bestimmt.

Beweis: Für jedes $z \in U_i$ ist R_z nach 1.24 faktoriell. Dann gibt es für jedes $z \in G$ Funktionen $f, g \in R$, die in R_z teilerfremd sind, und Einheiten $e_z \in \mathcal{O}_z^{\times}$, so daß in einer Umgebung von z $g_i/f_i = e_z(g_z/f_z)$ gilt. Es ist $f_z R_z \cap g_z R_z = f_z g_z R_z$, also auch $f_z \mathcal{O}_z \cap g_z \mathcal{O}_z = f_z g_z \mathcal{O}_z$. Folglich gibt es eine Umgebung $V_z \subset U_i$, so daß $f_z \mathcal{O}_x \cap g_z \mathcal{O}_x = f_z g_z \mathcal{O}_x$ für $x \in V_z$ ist (f_z und g_z also in allen $\mathcal{O}_x$ mit $x \in V_z$ teilerfremd sind) und $e_z(x) \neq 0$ für alle $x \in V_z$ gilt. Dann sind $\{(V_z, f_z);\ z \in G\}$ und $\{(V_z, g_z);\ z \in G\}$ Cousinverteilungen. Sind f und $g \in R$ die Lösungen, so ist $f\mathcal{O}_z = f_z \mathcal{O}_z$ und $g\mathcal{O}_z = g_z \mathcal{O}_z$ und damit $f\mathcal{O}_z \cap g\mathcal{O}_z = fg\mathcal{O}_z$; dann erfüllt g/f das Gewünschte. Da für jedes weitere Paar (g',f') auch $g'\mathcal{O}_z = g_z \mathcal{O}_z$ und $f'\mathcal{O}_z = f_z \mathcal{O}_z$ für alle $z \in G$ gelten muß, ist die zweite Behauptung auch klar.

Insbesondere kann dann also jede R-meromorphe Funktion bis auf eine Einheit $e \in R(G)^{\times}$ als Quotient zweier überall teilerfremder Funktionen aus R geschrieben werden.

D) Rein 1-codimensionale R-analytische Mengen

In diesem Abschnitt sei G stets eine komplexe Mannigfaltigkeit. Unter einer rein 1-codimensionalen R-analytischen Menge A verstehen wir eine R-analytische Menge, die in jedem Punkt von G die Dimension (dim G - 1) hat. Es gibt also zu jedem $z \in G$ eine Umgebung U und ein reduziertes Ideal $\mathfrak{a} \subset R$ mit $\text{Var}\,\mathfrak{a} \cap U = A \cap U$ und $\dim \mathcal{O}_x/\mathfrak{a}\mathcal{O}_x = \dim G - 1$ für alle $x \in U$. Nun ist wegen 1.9 und 1.22 aber $\dim R_x/\mathfrak{a}R_x = \dim \hat{R}_x/\mathfrak{a}\hat{R}_x = \dim \hat{\mathcal{O}}_x/\mathfrak{a}\hat{\mathcal{O}}_x = \dim \mathcal{O}_x/\mathfrak{a}\mathcal{O}_x$. Genauso folgt $\dim R_x = \dim \mathcal{O}_x = \dim G$. Somit ist für $x \in U$ stets $\dim R_x/\mathfrak{a}R_x = \dim R_x - 1$. Da dies für alle $x \in U$ galt und da $\mathfrak{a}R_x$ reduziert im faktoriellen Ring R_x ist, muß $\mathfrak{a}R_x$ ein Hauptideal sein. Folglich kann man sich eine rein 1-codimensionale R-analytische Menge lokal als Varietät eines Hauptideals von R vorstellen. Wir werden hier nun untersuchen, welche Beziehung zwischen der Lösbarkeit aller Cousinverteilungen und der Darstellung 1-codimensionaler R-analytischer Mengen als globales Nullstellengebilde einer Funktion aus R besteht.

<u>Satz 3.21:</u> Sind in R alle Cousinverteilungen lösbar, so ist jede rein 1-codimensionale R-analytische Menge A schon global Nullstellengebilde einer Funktion $f \in R$.

<u>Beweis:</u> Sei $\{U_i;\ i \in I\}$ eine Überdeckung von G und seien $Rf_i \subset R$ Hauptideale, so daß A durch $A \cap U_i = \text{Var}\, Rf_i \cap U_i$ definiert ist. Wie in 2.26 zeigt man, daß $\{(U_i, \text{Rad}\, Rf_i);\ i \in I\}$ eine Idealverteilung über G ist. Nun ist nach 3.10 $\overline{\text{Rad}\, Rf_i}$ ein Hauptideal; somit ist $\{(U_i, \overline{\text{Rad}\, Rf_i});\ i \in I\}$ als Cousinverteilung durch ein $f \in R$ lösbar.

Dafür, daß sich rein 1-codimensionale Mengen als Nullstellenmenge einer Funktion schreiben lassen, ist also nach 3.10 hinreichend, daß für alle Primideale $\mathfrak{p}$ der Höhe 1 mit Nullstelle in G immer $\text{Var}\,\mathfrak{p}$ zusammenhängend ist, $\mathfrak{p}$ ein Hauptideal ist und die speziellen Verteilungen $\{(K_i, f_i);\ i \in \mathbb{N}\}$ mit $K_i \subset K_{i+1}$ und $Rf_i \supset Rf_{i+1}$ durch ein $f \in R$ lösbar sind. Umgekehrt ist dazu aber auch notwendig, daß für Primideale $\mathfrak{p}$ der Höhe 1 mit Nullstelle Var $\mathfrak{p}$ zusammenhängend ist und $\overline{\mathfrak{p}^m}$ für ein $m \in \mathbb{N}$ ein Hauptideal ist. Genauer können wir zeigen:

<u>Satz 3.22:</u> Sind in R die speziellen Verteilungen $\{(K_i, f_i);\ i \in \mathbb{N}\}$ mit $K_i \subset K_{i+1}$ und $Rf_i \supset Rf_{i+1}$ durch ein $f \in R$ lösbar, so sind äquivalent:

1) Zu jeder rein 1-codimensionalen R-analytischen Menge $A \subset G$ gibt es ein $f \in R$ mit $A = \text{Var } f$.

2) Für jedes Primideal $\mathfrak{p}$ der Höhe 1 mit Nullstelle ist

   a) Var $\mathfrak{p}$ zusammenhängend,

   b) $\overline{\mathfrak{p}^m}$ ein Hauptideal für ein $m \in \mathbb{N}$.

<u>Beweis:</u> 1)$\longrightarrow$2): Da R_z faktoriell ist, ist $\mathfrak{p}R_z$ für alle $z \in G$ ein Hauptideal. Somit ist Var $\mathfrak{p}$ eine 1-codimensionale R-analytische Menge. Wie in 2.26 folgt dann, daß Var $\mathfrak{p}$ zusammenhängend ist. Ist nun $f \in R$ mit Var $\mathfrak{p}$ = Var Rf, so gibt es nach dem lokalen Hilbertschen Nullstellensatz ein $k = k(z) \in \mathbb{N}$ mit $\mathfrak{p}^k \mathcal{O}_z \subset f\,\mathcal{O}_z$ und $f^k \mathcal{O}_z \subset \mathfrak{p}\,\mathcal{O}_z$ für alle $z \in \text{Var } \mathfrak{p}$, also auch $\mathfrak{p}^k R_z \subset fR_z$ und $f^k R_z \subset \mathfrak{p} R_z$. Da R_z faktoriell ist und $\mathfrak{p}$ von der Höhe 1 ist, ist für ein $h = h(z) \in \mathbb{N}$ dann $fR_z = \mathfrak{p}^h R_z$. Da h(z) auf Var $\mathfrak{p}$ lokal konstant und Var $\mathfrak{p}$ zusammenhängend ist, kann $h = h(z)$ nicht von $z \in \text{Var } \mathfrak{p}$ abhängen. Somit ist $fR_z = \mathfrak{p}^h R_z$ für alle $z \in G$. Da R I bezüglich G erfüllt, ist dann $Rf = \overline{\mathfrak{p}^h}$.

2)$\longrightarrow$1): Wie man aus dem Beweis zu 2.26 entnehmen kann, ist A darstellbar als Varietät einer Idealverteilung $\{(U_i, \mathfrak{a}_i);\ i \in I\}$ mit Idealen $\mathfrak{a}_i \subset R$, so daß $\mathfrak{a}_i R_z$ für alle $z \in U_i$ ein reduziertes Hauptideal ist. Nach 2.11 und 2.17 besitzt diese Idealverteilung ein

Lösungsideal $\mathfrak{a} \subset R$. Sei nun $\{K_j;\ j \in \mathbb{N}\}$ eine kompakte Ausschöpfung von G mit $K_j \subset \mathring{K}_{j+1}$. Da $\mathfrak{a}R_z$ ein reduziertes Hauptideal ist, ist $\mathfrak{a}R_z$ Durchschnitt von Primidealen der Höhe 1. Da R_{K_i} noethersch und $\mathfrak{a}R_{K_i}$ reduziert ist, ist $\mathfrak{a}R_{K_i} = \bigcap_{\nu=1}^{n_i} \mathfrak{P}_{i,\nu} R_{K_i}$ unverkürzbarer Durchschnitt von Primidealen der Höhe 1. Für jedes (i,ν) sei $r_{i,\nu}$ die kleinste natürliche Zahl, so daß $\overline{\mathfrak{P}_{i,\nu}^{r_{i,\nu}}} \subset R$ ein Hauptideal ist. Dann ist $\{(K_i, \bigcap_{\nu=1}^{n_i} \overline{\mathfrak{P}_{i,\nu}^{r_{i,\nu}}});\ i \in \mathbb{N}\} = \{(K_i, \prod_{\nu=1}^{n_i} \overline{\mathfrak{P}_{i,\nu}^{r_{i,\nu}}});\ i \in \mathbb{N}\}$ eine Hauptidealverteilung über G, deren Varietät A ist. Nach 3.6 gibt es dann eine Lösungsfunktion $f \in R$. Somit gilt $A = \mathrm{Var}\ f$.

Ist G zusätzlich noch einfach zusammenhängend, so können wir sogar zeigen, daß R_K für jedes Kompaktum $K \subset G$ faktoriell ist, wenn jede 1-codimensionale R-analytische Menge $A \subset G$ ein globales Nullstellengebilde einer Funktion aus R ist: Ist nämlich $\mathfrak{P} \subset R$ ein Primideal der Höhe 1 mit Nullstelle in K, so ist $\overline{\mathfrak{P}^n} = Rf$ für ein $n \in \mathbb{N}$. Da R_z faktoriell ist, kann man aus f lokal die n-te Wurzel ziehen. Da G einfach zusammenhängend ist, gibt es ein $g \in R(G)$ mit $g^n = f$. Nach 1.11 erfüllt $R(G)_K$ I bezüglich K; dann gilt $\mathfrak{P}R(G)_K = gR(G)_K$. Da man OE $K = \hat{K}$ annehmen kann, ist $R(G)$ in $R(K)$ dicht, also auch $R_K \subset R(G)_K \subset R(K)$ dicht. Nach 1.28 ist dann $\mathfrak{P}R_K$ ein Hauptideal in R_K. Mit 3.1o folgt also:

<u>Satz 3.23:</u> Sei G einfach zusammenhängend. In R seien alle speziellen Cousinverteilungen $\{(K_i,f_i);\ i \in \mathbb{N}\}$ mit $K_i \subset K_{i+1}$ und $Rf_i \supset Rf_{i+1}$ durch ein $f \in R$ lösbar. Dann ist äquivalent:

1) Jede Cousinverteilung in R ist lösbar.
2) Jede rein 1-codimensionale Menge $A \subset G$ ist darstellbar als globales Nullstellengebilde einer Funktion aus R.

Wenn wir fordern, daß jede rein 1-codimensionale R-analytische Menge A Nullstellenmenge einer reduzierten Funktion aus R ist, so gilt Satz 3.23 auch für nicht notwendig einfach zusammenhängende G: Nach 3.22 ist für jedes Primideal $\mathfrak{p}$ der Höhe 1 mit Var $\mathfrak{p} \neq \emptyset$ eine Potenz $\overline{\mathfrak{p}^n}$ ein Hauptideal; da nun Var $\overline{\mathfrak{p}^n}$ = Var Rg für ein $g \in R$ gilt, wobei Rg ein reduziertes Ideal ist, gilt $\mathfrak{p} =$ Rg; mit 3.10 folgt dann die Behauptung.

Die vorstehenden Sätze zeigen, daß die globale Darstellbarkeit aller rein 1-codimensionalen Mengen wesentlich von der Lösbarkeit aller Cousinverteilungen abhängt. Wir bringen hier noch ein spezielles Kriterium für die Lösbarkeit aller klassischen Cousin-II-Probleme:

<u>Satz 3.24:</u> Genau dann ist jede klassische Cousin-II-Verteilung über G durch ein $f \in R(G)$ lösbar, wenn jede Cousinverteilung in R(G) zu einer aus n = dim G Elementen bestehenden Überdeckung $\{U_i;\ 1 \leq i \leq n\}$ von G durch ein $f \in R(G)$ lösbar ist.

<u>Beweis:</u> Nach Theorem A gibt es ein lokalfreies Ideal $\mathfrak{a} \subset R(G)$, das die zur Cousin-II-Verteilung gehörige Idealgarbe überall erzeugt. Nach [2] wird $\mathfrak{a}$ von n Elementen $f_1,\ldots,f_n \in R(G)$ erzeugt. Sei $U_i = \{z \in G \mid \mathfrak{a}\mathcal{O}_z = f_i\mathcal{O}_z\}$. Es ist $\bigcup_{i=1}^{n} U_i = G$, da $\mathfrak{a}\mathcal{O}_z = (f_1,\ldots,f_n)\mathcal{O}_z$ ein Hauptideal in $\mathcal{O}_z$ ist und da jedes minimale Erzeugendensystem eines Hauptideals im lokalen Ring $\mathcal{O}_z$ stets nur aus einem Element besteht. Damit ist $\{(U_i,f_i);\ 1 \leq i \leq n\}$ eine zur Ausgangsverteilung äquivalente Cousinverteilung in R(G), die nach Voraussetzung lösbar ist.

E) Primfaktorzerlegung in analytischen Ringen

Auch in diesem Absatz sei G stets eine komplexe Mannigfaltigkeit. Im Absatz B hatten wir gesehen, daß die Lösbarkeit aller Cousinverteilungen in R bestimmte Faktoriellitätseigenschaften für R bedeuten. Diese Eigenschaften entsprechen etwa "einer Faktoriellität ohne aufsteigende Kettenbedingung für Hauptideale in R". Diese Kettenbedingung würde bekanntlich bewirken, daß jedes Element aus R eine Produktdarstellung durch irreduzible Elemente in R hat. Sie ist jedoch in analytischen Ringen nur selten erfüllt. Wie wir in 3.8 gesehen haben, hat aber stets jedes Element eines analytischen Ringes wenigstens noch einen irreduziblen Teiler. Wenn man den Begriff der Produktdarstellung durch irreduzible Elemente in analytischen Ringen R auf unendliche Produkte ausdehnt, kann man sich fragen, ob jedes Element aus R eine solche Produktdarstellung hat und ob dann die Lösbarkeit aller Cousinverteilungen damit gleichbedeutend ist, daß jedes Element aus R eine unendliche Produktdarstellung durch Primelemente hat.

Der folgende Hilfssatz gibt nun eine Auskunft über die Lösbarkeit der speziellen Cousinverteilungen, die ja für die Theorie der Cousinverteilungen (siehe etwa 3.6 oder 3.1o) von großer Bedeutung sind:

Lemma 3.25: G sei einfach zusammenhängend. Jedes unendliche Produkt von Elementen aus R sei wieder in R. Dann sind alle speziellen Cousinverteilungen $\{(K_i, f_i);\ i \in \mathbb{N}\}$ mit $K_i \subset K_{i+1}$ und $Rf_i \supset Rf_{i+1}$ durch Funktionen $f \in R$ lösbar. Genauer gibt es Einheiten $g_i \in R^{\times}$, so daß $f = f_1 \prod_{i=2}^{\infty} (f_i/f_{i-1}) g_i$ die Verteilung löst.

Beweis: Da G Steinsch ist, kann man ohne Einschränkung annehmen, daß $K_i = \hat{K}_i$ gilt. Weiter existiert zu jedem K_i eine einfach zusammenhängende kompakte Menge $K_i^* \supset K_i$. Da jedes K_i^* in einem $K_{n(i)}$ enthalten ist, kann man auch ohne Einschränkung annehmen, daß $\{(K_i^*, f_i);\ i \in \mathbb{N}\}$ eine Cousinverteilung ist. Da $K_i^* \supset K_i$ einfach zusammenhängend ist, können wir in K_i Funktionen $g_{i+1,i} := \log f_{i+1}/f_i$ definieren; wir wählen dabei irgendeinen Wert des Logarithmus. Wenn für alle $i,k < j$ schon Funktionen $g_{i,k} \in R(K_i \cap K_k)$ definiert sind, setzen wir $g_{j,i} = g_{j,j-1} + g_{j-1,i}$, $g_{jj} = 0$ und $g_{i,j} = -g_{j,i}$. Damit erhalten wir $g_{i,k} + g_{k,i} = 0$ in $R(K_i \cap K_k)$ und $g_{i,j} + g_{j,k} + g_{k,i} = 0$ in $R(K_i \cap K_j \cap K_k)$. Nach Theorem B existieren dann Funktionen $h_i \in R(K_i)$ mit $g_{i,j} = h_i - h_j$. Dann ist $f_j/f_{j-1} = e^{h_j - h_{j-1}}$ in $R(K_{j-1})$. Die Funktionen $h_j - h_{j-1} \in R(K_{j-1})$ können wegen $K_j = \hat{K}_j$ durch beliebige $k_j \in R(G)$ approximiert werden. Da R in R(G) dicht ist, kann man OE $k_j \in R$ annehmen. Aus der für alle $z \in G$ nach [7], p.397 geltenden Beziehung $e^{-k_j(z)} = \prod_{m=1}^{\infty} \left(1 + \frac{4(k_j(z))^2}{\pi^2 (2m-1)^2}\right) - k_j(z) \prod_{m=1}^{\infty} \left(1 + \frac{(k_j(z))^2}{\pi^2 m^2}\right)$

folgt nach unserer Voraussetzung $g_j = e^{-k_j} \in R$.

Sofern wir $h_j - h_{j-1}$ genügend gut durch k_j approximiert haben, konvergiert auch $f_1 \prod_{j=2}^{\infty} (f_j/f_{j-1}) g_j$ kompakt gleichmäßig gegen $f \in R(G)$. Wegen $f_j/f_{j-1} \in R$ und $g_j \in R$ ist f nach Voraussetzung aus R und es gilt $f\mathcal{O}_z = f_j \mathcal{O}_z$ für alle $z \in K_j$.

Wenn man sich nun an den Ausgangspunkt unserer Überlegungen, Cousinverteilungen mit Polynomen im $\mathbb{C}^n$, erinnert, so erwartet man jetzt analog zum Theorem A für beliebige Modulverteilungen, daß jede solche Cousinverteilung durch ein unendliches Produkt von Polynomen gelöst werde (vgl. 3.25 und Ende von §2, C). Diese Vermutung erweist sich aber schon im eindimensionalen Fall als falsch: Sei etwa $K_n = \{z \in \mathbb{C} \,;\; |z| \leq n + \frac{1}{2}\}$ und $f_n = \prod_{i=1}^{n}(1+z/i)$. Wenn die Cousinverteilung $\{(K_n, f_n);\; n \in \mathbb{N}\}$ über $\mathbb{C}$ eine Lösung der Form $\prod_{j=1}^{\infty} p_j$ mit $p_j \in \mathbb{C}[Z]$ hätte, so wären die p_j offenbar von der Form $p_j =$ $= a_j(1+z/n_{j1})\cdots(1+z/n_{jk_j})$ mit $a_j \in \mathbb{C}$ und $n_{ji} \in \mathbb{N}$, wobei $\bigcup_{j,i} \{n_{ji}\} = \mathbb{N}$ wäre. Für $z = 0$ folgt sofort, daß $\prod_{j=1}^{\infty} a_j$ gegen $a \neq 0$ konvergiert, dann müßte auch $\prod_{j=1}^{\infty} p_j/a_j$ für $z = 1$ konvergieren, was offensichtlich nicht der Fall ist. Somit hat also nicht jede Cousinverteilung mit Polynomen eine Lösung, die konvergentes Produkt von Polynomen ist. Im eindimensionalen Fall zeigt nun der Weierstraßsche Produktsatz, daß jede solche Cousinverteilung über $\mathbb{C}$ eine Lösung der Form $\prod_{j=1}^{\infty} g_j e^{h_j}$ mit $g_j, h_j \in \mathbb{C}[Z]$ hat. Der folgende Satz enthält die Verallgemeinerung auf den mehrdimensionalen Fall (siehe Beispiel 3 zu Beginn dieses Paragraphen): Jede im $\mathbb{C}^n$ gegebene Cousinverteilung $\{(U_i, f_i);\; i \in I\}$ mit Polynomen f_i hat eine Lösung der Gestalt $\prod_{j=1}^{\infty} g_j e^{h_j}$ mit Polynomen g_j und h_j.

<u>Satz 3.26:</u> G sei einfach zusammenhängend. In R seien alle Primideale $\mathfrak{p}$ der Höhe 1 mit Nullstelle in G schon Hauptideale und mögen eine zusammenhängende Varietät Var $\mathfrak{p}$ haben. Dann hat jede Cousinverteilung in R über G eine kompakt gleichmäßig konvergente Lösung der Form $\prod_{i=1}^{\infty} g_i e^{h_i}$ mit $g_i, h_i \in R$. Umgekehrt definiert jeder solcher Ausdrücke $\prod_{i=1}^{\infty} g_i e^{h_i}$ eine Cousinverteilung in R über G.

<u>Beweis:</u> Sei $\{K_j;\; j \in \mathbb{N}\}$ eine kompakte Ausschöpfung von G mit $K_j \subset K_{j+1}$. Da alle Primideale $\mathfrak{p}$ der Höhe 1 mit Nullstelle in G Hauptideale sind und da R_{K_j} noethersch nach 1.1o ist, ist R_{K_j} auch faktoriell. Weiter

folgt mit 2.11 c), daß ein Ideal $\mathfrak{a}_j \subset R$ existiert, das die Cousinverteilung auf K_j löst. Das Ideal $\mathfrak{a}_j R_{K_j}$ hat eine endliche Primärzerlegung $\bigcap_{i=1}^{n_j} \mathfrak{q}_{ji} R_{K_j}$ mit Primäridealen $\mathfrak{q}_{ji} \subset R$. Da R_{K_j} nach 1.27 normal ist und da $\mathfrak{a}_j R_{K_j}$ lokal frei sein muß, ist $\mathfrak{p}_{ji} := \text{Rad}\, \mathfrak{q}_{ji}$ von der Höhe 1 in R. OE ist ferner Var $\mathfrak{p}_{ji} \neq \emptyset$. Somit existieren Primelemente $p_{ji} \in R$ mit $\mathfrak{p}_{ji} = Rp_{ji}$. Wegen 1.25 wird dann auch $\mathfrak{q}_{ji}$ durch eine Potenz von p_{ji} erzeugt; und damit können wir auch annehmen, daß $\mathfrak{a}_j R_{K_j}$ durch ein endliches Produkt von Primelementen p_{ji} aus R mit OE Var $p_{ji} \cap K_j \neq \emptyset$ erzeugt wird. Wenn wir dieses Produkt mit f_j bezeichnen, muß $Rf_j \supset Rf_{j+1}$ sein, da ja $R_{K_j} f_j = R_{K_j} f_{j+1}$ nach 1.10 ist. Somit ist $\{(K_j, f_j);\ j \in \mathbb{N}\}$ eine zur ursprünglichen Cousinverteilung äquivalente Verteilung mit $K_j \subset K_{j+1}$ und $Rf_j \supset Rf_{j+1}$. Mit dem Beweis zu 3.25 folgt, daß diese eine Lösung der Form $\prod_{j=1}^{\infty} g_j e^{h_j}$ mit $g_j, h_j \in R$ hat.

Es ist klar, daß umgekehrt bei Gültigkeit der Aussage 3.26 die Eigenschaft "Jedes Primideal der Höhe 1 mit Nullstelle ist Hauptideal und hat eine zusammenhängende Varietät" auch erfüllt sein muß. Selbstverständlich liefert 3.26 in Verbindung mit dem in 3.21 Gezeigten: Unter der Voraussetzung von 3.26 sind die rein 1-codimensionalen R-analytischen Mengen $A \subset G$ gerade die Nullstellenmengen derjenigen Funktionen, die konvergentes Produkt $\prod_{j=1}^{\infty} g_j e^{h_j}$ mit $g_j, h_j \in R$ sind. Auch hier kann gezeigt werden, daß die Voraussetzung über die Primideale der Höhe 1 im wesentlichen wieder notwendig ist. Speziell erhalten wir noch die Beantwortung des Beispiels 4 vom Anfang dieses Paragraphen: Die überall (n-1)-dimensionalen lokal algebraischen Mengen im $\mathbb{C}^n$ sind gerade die Nullstellenmengen der Funktionen $\prod_{j=1}^{\infty} g_j e^{h_j}$ mit Polynomen g_j und h_j.

Satz 3.27: Sei G einfach zusammenhängend. Jedes unendliche Produkt von Elementen aus R sei wieder in R. Dann hat jedes Element $r \in R$ eine unendliche Produktdarstellung $r = \prod_{j=1}^{\infty} r_j$ mit irreduziblen Elementen $r_j \in R$.

Beweis: Sei $\{K_i;\ i \in \mathbb{N}\}$ eine kompakte Ausschöpfung von G mit $K_i \subset \mathring{K}_{i+1}$. Wir konstruieren nun mittels 3.8 irreduzible Elemente $f_n \in R$ mit $Rf_1 \supset Rf$ und $Rf_{n+1} \supset R(f/f_1,\dots,f_n)$, wobei f_{n+1} eine Nullstelle in K_1 haben soll, wenn $f/f_1,\dots,f_n$ eine Nullstelle in K_1 hat. Da nach 1.10 R_{K_1} noethersch ist, bricht dieses Verfahren ab und man erhält ein $n(1) \in \mathbb{N}$, so daß $f/f_1,\dots,f_{n(1)}$ in K_1 keine Nullstelle hat. Dann verfahre man mit K_2 und $f/f_1,\dots,f_{n(1)}$ entsprechend usw.. Wir erhalten so irreduzible Elemente $f_n \in R$, $n \in \mathbb{N}$, und Zahlen $n(i) \in \mathbb{N}$, so daß $f/f_1,\dots,f_{n(i)}$ in K_i keine Nullstelle hat. Somit ist $\{(K_i, \prod_{n=1}^{n(i)} f_n);\ i \in \mathbb{N}\}$ eine Cousinverteilung mit absteigender Hauptidealfolge. Nach 3.25 gibt es dann Einheiten $g_j \in R^\times$, so daß $f^* := f_1 \prod_{j=2}^{\infty} f_j g_j$ diese Verteilung löst. Da dann $f^* \mathcal{O}_z = f\,\mathcal{O}_z$ für alle $z \in G$ ist, folgt $f = f^* e$ für eine Einheit $e \in R^\times$. Damit ist $f = ef_1 \prod_{j=2}^{\infty} f_j g_j$.

Folgerung 3.28: Sei G einfach zusammenhängend. Jede Funktion $f \in R(G)$ hat eine kompakt gleichmäßig konvergente Produktdarstellung $f = \prod_{j=1}^{\infty} r_j$ mit irreduziblen Elementen $r_j \in R(G)$.

Wie bei der gewöhnlichen Produktdarstellung von Elementen durch Primelemente kann man auch bei solchen Darstellungen einen Eindeutigkeitssatz beweisen:

Lemma 3.29: Hat $f \in R$ eine unendliche Produktdarstellung $f = \prod_{i=1}^{\infty} f_i$ mit Primelementen $f_i \in R$, so sind diese bis auf Reihenfolge und Einheiten eindeutig bestimmt.

Beweis: Sei $f = \prod_{i=1}^{\infty} g_i$ eine Produktdarstellung mit irreduziblen $g_i \in R$. Wegen der Eigenschaft I für R hat jedes $f_i \in R$ eine Nullstelle $z \in G$. Da für großes m $\prod_{i=m+1}^{\infty} f_i$ und $\prod_{i=m+1}^{\infty} g_i$ in R keine Nullstellen in z haben, gilt $(\prod_{i=1}^{m} f_i)R_z = (\prod_{i=1}^{m} g_i)R_z$. Da $f_i R_z \subsetneq R_z$ auch prim ist, gibt es ein g_j mit $g_j R_z \subset f_i R_z$. Nach Satz 1.17 gilt dann $Rg_j \subset Rf_i$. Da g_j irreduzibel war, ist $Rg_j = Rf_i$; also gilt die Behauptung.

Im folgenden Satz zeigen wir nun, daß die Lösbarkeit aller Cousinverteilungen gleichbedeutend mit einer Faktoriellität von R(G) im Sinne dieses Absatzes ist (nämlich damit, daß jedes $f \in R(G)$ eine unendliche Produktdarstellung durch Primelemente besitzt). Der Vollständigkeit wegen führen wir hier alle Äquivalenzen zur Lösbarkeit von Cousinverteilungen in einfach zusammenhängenden Steinschen Mannigfaltigkeiten auf:

Satz 3.3o: Ist G eine einfach zusammenhängende komplexe Steinsche Mannigfaltigkeit, so sind äquivalent:

1) Jedes klassische Cousin-II-Problem ist lösbar.
2) $H^2(G,\mathbb{Z}) = 0$

3) In R(G) gilt eine der Faktoriellitätseigenschaften A - H aus 3.9.

4) Jedes $f \in R(G)$ hat eine unendliche, kompakt gleichmäßig konvergente Produktdarstellung mit Primelementen $p_i \in R(G)$, die bis auf Reihenfolge und Einheiten eindeutig bestimmt sind.

5) Jede rein (dim G - 1) - dimensionale analytische Menge A in G ist globales Nullstellengebilde einer Funktion $f \in R(G)$: $A = \mathrm{Var}\, f$.

__Beweis:__ Nach 3.26 sind alle speziellen Cousinverteilungen $\{(K_i,f_i);\ i\in \mathbb{N}\}$ lösbar. Nach 3.1o sind 1), 2) und 3), nach 3.23 1) und 5) äquivalent. Mit 3.27 und 3.29 folgt 4) aus 3); die Umkehrung ist trivial.

Die Aussagen in 3.3o 1)$\leftrightarrow$3)$\leftrightarrow$4)$\leftrightarrow$5) gelten sinngemäß übertragen auch in allen Unterringen $R \subset R(G)$, in denen unendliche Produkte von Elementen aus R wieder aus R sind, sofern bei 3) und 4) noch der Zusammenhang der Primelementvarietäten gefordert wird.
Für beliebige Steinsche Mannigfaltigkeiten impliziert die Voraussetzung, daß jedes Element $f \in R(G)$ ein unendliches Produkt von Primelementen ist, die Lösbarkeit aller speziellen Cousinverteilungen $\{(K_i,f_i);\ i\in \mathbb{N}\}$ mit $K_i \subset K_{i+1}$ und $R(G)f_i \supset R(G)f_{i+1}$. Da diese Voraussetzung somit auch die Faktoriellitätseigenschaften aus 3.9 für R(G) impliziert, ist sie für beliebige G nach 3.11 mindestens ebenso stark wie die Voraussetzung der Lösbarkeit aller Cousin-II-Verteilungen über G.

F) Reelle Cousinverteilungen

Im folgenden sei G stets eine reell-analytische Mannigfaltigkeit. Dann ist jede Cousinverteilung $\{(U_i, f_i);\ i \in I\}$ mit $f_i(z)/f_j(z) > 0$ für alle $z \in U_i \cap U_j$ und alle $i,j \in I$ in R(G) lösbar, da jede solche Verteilung zu einer Cousin-I-Verteilung äquivalent ist (vgl. 3.13). Man kann sich leicht analog 3.12 überlegen, daß die entsprechende Aussage auch in Unterringen $R \subset R(G)$ gilt, wenn jedes Primideal $\mathfrak{P} \subset R$ der Höhe 1 zusammenhängende Varietät hat und alle speziellen Cousinverteilungen in R lösbar. Als Folgerung daraus erhält man dann folgenden Satz:

Satz 3.31: Sei G eine reell-analytische Mannigfaltigkeit. Wenn in R alle speziellen Cousinverteilungen lösbar sind und jedes Primideal $\mathfrak{P} \subset R$ der Höhe 1 zusammenhängende Varietät hat, gilt:

a) Für jedes Primideal $\mathfrak{P} \subset R$ der Höhe 1 ist $\overline{\mathfrak{P}^2}$ ein Hauptideal.

b) Ist $\mathfrak{a} := \bigcap_{i \in I} Rf_i$ Durchschnitt von Hauptidealen, so ist $\overline{\mathfrak{a}^2}$ ein Hauptideal.

c) Jede Cousinverteilung mit einer höchstens (dim G-2)-dimensionalen Varietät ist lösbar.

Insbesondere ist also jedes Primideal $\mathfrak{P} \subset R$ der Höhe 1 mit einer höchstens (dim G-2)-dimensionalen Varietät Var $\mathfrak{P} \neq \emptyset$ Hauptideal. Wenn G einfach zusammenhängend ist, so folgt wie in 3.23, daß jedes Primideal $\mathfrak{P} \subset R$ der Höhe 1 mit Var $\mathfrak{P} \neq \emptyset$ Hauptideal ist, da $\overline{\mathfrak{P}^2}$ ja nach dem letzten Satz ein Hauptideal ist. Somit erhalten wir:

Satz 3.32: Sei G eine einfach zusammenhängende reell-analytische Mannigfaltigkeit. In R seien alle speziellen Cousinverteilungen lösbar. Dann gelten in R die äquivalenten Faktorialitätseigenschaften A-H von 3.9.

Wenn also zusätzlich noch Var $\mathfrak{p}$ für alle Primideale $\mathfrak{p} \subset R$ der Höhe 1 zusammenhängend ist, sind in R alle Cousinverteilungen lösbar.

§ 4 - Algebraische Eigenschaften analytischer Moduln

Wir werden im folgenden algebraische Eigenschaften analytischer Moduln studieren, die im nächsten Paragraphen in Fragen der Fortsetzbarkeit kohärenter Garben Anwendung finden werden. Wir untersuchen, wie man in analytischen Moduln eine Primärzerlegung definieren kann, für die auch die üblichen Eindeutigkeitssätze gelten; weiterhin wie sich Untermoduln und speziell Primärmoduln bei Ringerweiterung verhalten und welche dimensionstheoretischen Eigenschaften (wie z.B. die Cohöhe analytischer Untermoduln) bei Ringerweiterung erhalten bleiben. In diesem Paragraphen machen wir stets folgende

Voraussetzungen: $(G, \mathcal{O})$ sei ein reeller oder komplexer Steinscher Raum, $R \subset R(G)$ ein dichter Unterring im Sinne von 1.4. $\mathcal{M}$ sei eine kohärente Garbe auf G und $M \subset \Gamma(G, \mathcal{M})$ ein analytischer R-Modul mit der Eigenschaft "lokal I bezüglich G". Bei einer beliebigen Teilmenge $G' \subset G$ sei $R' \subset R(G')$ ein Oberring von R, der lokal I bezüglich G' erfüllt (dieser Ring R' wird jedoch nur an einigen Stellen benötigt). Ferner seien R_z bzw. R'_z für alle $z \in G$ bzw. $z \in G'$ Faktorringe von Cohen-Macaulay-Ringen.

Die letzte Voraussetzung ist in allen wichtigen Fällen erfüllt; wenn z.B. $\mathcal{O}_z$ für alle $z \in G$ Cohen-Macaulay-Ring ist, speziell also wenn G eine Mannigfaltigkeit ist; oder wenn $R = R(G)$ und $R' = R(G')$ ist, wie man sofort mittels Theorem B sieht. In Absatz A wird diese letzte Voraussetzung übrigens nie gebraucht.

A) Primärzerlegungen in analytischen Ringen

Eine Homothetie $\mu_r : M \longrightarrow M$, $x \longmapsto xr$ für $r \in R$ heißt lokal nilpotent, wenn zu jedem $x \in M$ ein $n = n(x) \in \mathbb{N}$ mit $xr^n = 0$ existiert; sie heißt nilpotent, wenn es ein $n \in \mathbb{N}$ mit $Mr^n = 0$ gibt. Offenbar ist jede lokal nilpotente Homothetie in einem endlichen Modul nilpotent. Da analytische Moduln nicht notwendig endlich erzeugt sind, ist folgender Satz bemerkenswert:

Satz 4.1: Sei $N \subset M$ ein Untermodul mit Var $N \neq \emptyset$.

a) Wenn in M/N jede nicht injektive Homothetie lokal nilpotent ist, so ist $N \subset M$ primär.

b) Wenn $N \subset M$ primär ist, so existiert ein $n \in \mathbb{N}$ mit $\mathfrak{p}^n M \subset N$, wobei $\mathfrak{p}$ das Primideal aller Nullteiler mod N ist.

Beweis: a) Sei $z \in$ Var N fest gewählt. Für ein $r \in R$ sei die Homothetie μ_r in M/N lokal nilpotent. Da MR_z noethersch ist, gibt es dann ein $n \in \mathbb{N}$ mit $r^n MR_z \subset NR_z$. Folglich gibt es zu jedem $m \in M$ ein $s \in R$ mit $s(z) \neq 0$ und $sr^n m \in N$. Wie in 1.15 folgt daraus $r^n m \in N$, womit die erste Behauptung gezeigt ist.

b) Da $N \subset M$ primär ist, ist die Menge aller Nullteiler mod N ein Primideal $\mathfrak{p} \subset R$. Da MR_z noethersch ist, gibt es ein $n \in \mathbb{N}$ mit $\mathfrak{p}^n MR_z \subset NR_z$. Nach 1.17 ist dann $\mathfrak{p}^n M \subset N$.

Wir wollen nun Primärzerlegungen von Untermoduln $N \subset M$ studieren. Da nach 1.17 für jeden Primärmodul $Q \subset M$ mit Var $Q \neq \emptyset$ schon $Q = \overline{Q} = \{m \in M;\ m \in Q\mathcal{O}_z$ für alle $z \in G\}$ ist, gilt für jeden Untermodul $N = \bigcap_{i \in I} Q_i$, der Durchschnitt von Primärmoduln Q_i mit Var $Q_i \neq \emptyset$

ist, auch $N = \overline{N}$. Weil für die funktionentheoretischen Anwendungen nur Aussagen über Primärmoduln Q mit Var $Q \neq \emptyset$ sinnvoll sind, beschränken wir deshalb unsere Untersuchungen auf Untermoduln N mit $N = \overline{N}$. Eine genauere Charakterisierung der Untermoduln N mit $N = \overline{N}$ liefert

<u>Satz 4.2:</u> Für einen Untermodul $N \subset M$ sind folgende Aussagen äquivalent:

a) $N = \overline{N}$.

b) Es ist $N = \bigcap_{i \in I} Q_i$, wobei $Q_i \subset M$ primäre Moduln mit Var $Q_i \neq \emptyset$ sind.

c) Es ist $N = \bigcap_{z \in G} \bigcap_{n \in \mathbb{N}} (N + \mathfrak{m}(z)^n M)$, wobei $\mathfrak{m}(z) \subset R$ das maximale Ideal aller in z verschwindenden Funktionen aus R ist.

<u>Beweis:</u> a)$\longleftrightarrow$c) folgt aus 1.29.

b)$\longrightarrow$a) folgt mit 1.17.

c)$\longrightarrow$b) gilt, da offenbar alle Moduln $N + \mathfrak{m}(z)^n M$ primär sind.

Nach diesem Satz 4.2 hat zwar jeder Untermodul $N = \overline{N} \subset M$ eine Primärzerlegung. Jedoch kann man von einer beliebigen Zerlegung keine Eindeutigkeitssätze erwarten, selbst wenn man überflüssige Primärmoduln wegläßt oder je endlich viele zusammenfaßt, sofern man eine solche Primärzerlegung überhaupt reduzieren kann. Wir wollen nun zu $N = \overline{N}$ eine kanonische Primärzerlegung konstruieren, die in einem gewissen Sinne auch eindeutig ist. Dazu definieren wir:

<u>Definition 4.3:</u> Eine Primärzerlegung $N = \bigcap_{i \in I} Q_i$ heißt kanonisch, wenn für alle $z \in G$ endliche Teilmengen $I_z \subset I$ mit $I = \bigsqcup_{z \in G} I_z$ existie-

ren, so daß $NR_z = \bigcap_{i \in I_z} Q_i R_z$ eine Lasker-Noether-Zerlegung ist.

b) Ist $N \subset M$ ein beliebiger Untermodul, so sei $Ass_M N$ die Menge der Primideale $\mathfrak{P} \subset R$, zu denen es ein $z \in G$ gibt, so daß $\mathfrak{P} R_z$ zu dem Untermodul NR_z im noetherschen Modul MR_z assoziiert ist.

Satz 4.4: (Kanonische Primärzerlegungen)

Jeder Untermodul $N = \overline{N} \subset M$ hat eine kanonische Primärzerlegung

$N = \bigcap_{i \in I} Q_i$.

Wenn $\mathfrak{P}_i$ das zu Q_i assoziierte Primideal bedeutet (also wenn $\mathfrak{P}_i$ die Menge der Nullteiler aus R mod Q_i ist), gilt $\{\mathfrak{P}_i;\ i \in I\} = Ass_M N$. Insbesondere ist also die Menge $\{\mathfrak{P}_i;\ i \in I\}$ in allen kanonischen Zerlegungen gleich.

Ist $\mathfrak{P}$ ein in $Ass_M N$ minimales Primideal, so sind alle zu $\mathfrak{P}$ gehörigen Primärmoduln in allen kanonischen Zerlegungen gleich.

Beweis: Nach 1.9 ist MR_z noethersch. Dann hat NR_z eine Lasker-Noether-Zerlegung $NR_z = \bigcap_{i \in I_z} Q_i R_z$, wobei $Q_i \subset M$ primär ist. Wegen $N = \overline{N}$ ist dann $N = \bigcap_{i \in I} Q_i$ mit $I = \bigsqcup_{z \in G} I_z$ eine kanonische Primärzerlegung.

Ferner gilt, da MR_z noethersch ist, $Ass_{MR_z} NR_z = \{\mathfrak{P}_i R_z;\ i \in I_z\}$; dann folgt die zweite Behauptung sofort aus der Definition von $Ass_M N$. Ist $\mathfrak{P}$ ein in $Ass_M N$ minimales Primideal und Q ein zu $\mathfrak{P}$ gehöriger Primärmodul, so gibt es ein $z \in G$, so daß QR_z in einer Lasker-Noether-Zerlegung von NR_z auftaucht. Natürlich ist $\mathfrak{P} R_z$ in $Ass_{MR_z} NR_z$ minimal. Dann gilt $QR_z = MR_z \cap NR_{\mathfrak{P}}$, also auch $Q = M \cap NR_{\mathfrak{P}}$. Daraus folgt die Behauptung.

<u>Folgerung 4.5:</u> Ist $\mathfrak{p} \in \mathrm{Ass}_M N$, so ist $\mathfrak{p}R_z \in \mathrm{Ass}_{MR_z} NR_z$ für alle $z \in \mathrm{Var}\,\mathfrak{p}$.

<u>Beweis:</u> Nach Voraussetzung gibt es ein $z_o \in G$ mit $\mathfrak{p}R_{z_o} \in \mathrm{Ass}_{MR_{z_o}} NR_{z_o}$. Dann ist auch $\mathfrak{p}R_{\mathfrak{p}} \in \mathrm{Ass}_{MR_{\mathfrak{p}}} NR_{\mathfrak{p}}$. Wäre für ein $z \in \mathrm{Var}\,\mathfrak{p}$ $\mathfrak{p}R_z \notin \mathrm{Ass}_{MR_z} NR_z$, so wäre auch $\mathfrak{p}R_{\mathfrak{p}} \notin \mathrm{Ass}_{MR_{\mathfrak{p}}} NR_{\mathfrak{p}}$. Widerspruch!

<u>Folgerung 4.6:</u> Besteht für einen Untermodul $N = \overline{N} \subset M$ die Menge $\mathrm{Ass}_M N = \{\mathfrak{p}\}$ nur aus einem Element, so ist $N \subset M$ primär.

<u>Beweis:</u> N hat eine kanonische Primärzerlegung $N = \bigcap_{i \in I} Q_i$. Da $\mathfrak{p}$ in $\mathrm{Ass}_M N$ minimal ist, gilt nach 4.4 $Q_i = Q_j$ für alle $i,j \in I$. Folglich ist N primär.

Wie bei noetherschen Moduln kann man nun leicht Aussagen im Zusammenhang mit den assoziierten Primidealen herleiten. Im folgenden Satz haben wir einige solcher Beziehungen zusammengestellt; der Beweis der Aussagen sei dem Leser überlassen.

<u>Satz 4.7:</u> a) Ist $N \subset M$ ein beliebiger Untermodul, so ist $\mathrm{Var}\,N = \mathrm{Var}\,\overline{N} = \bigsqcup_{\mathfrak{p} \in \mathrm{Ass}_M N} \mathrm{Var}\,\mathfrak{p}$. Dabei ist $\mathrm{Var}\,\mathfrak{p} \neq \emptyset$ für jedes $\mathfrak{p} \in \mathrm{Ass}_M N$.

b) Ist $N = \overline{N}$, so ist die Menge der Nullteiler in M/N gleich
$$\bigsqcup_{\mathfrak{p} \in \mathrm{Ass}_M N} \mathfrak{p}.$$

c) Ist M endlich erzeugt, so gilt $\overline{\mathrm{Rad\ Ann}\ M/N} = \bigsqcap_{\mathfrak{p} \in \mathrm{Ass}_M N} \mathfrak{p}$.

Satz 4.4 ist der Existenz- und Eindeutigkeitssatz für kanonische Primärzerlegungen. Da alle Definitionen und Sätze, die wir bisher über kanonische Primärzerlegungen gebracht haben, stets Aussagen über die lokalisierten Moduln MR_z waren, kann man offenbar die gesamte Theorie der kanonischen Primärzerlegungen für beliebige analytische Moduln $M \subset \Gamma(G',\mathcal{M})$ machen, die lokal I bezüglich $G' \subset G$ erfüllen. Wenn $R \subset R(G)$ jedoch ein analytischer Ring zu einem Steinschen Raum G ist, so kann man einen Eindeutigkeitssatz auch noch für eine gewisse Klasse von Primärzerlegungen zeigen, ohne gleich fordern zu müssen, daß diese Zerlegungen kanonisch sind.

Eine Primärzerlegung $N = \bigcap_{i \in I} Q_i$ heiße <u>unverkürzbar</u>, wenn erstens für $j \in I$ stets $Q_j \not\supset \bigcap_{i \in I - \{j\}} Q_i$ ist und zweitens für jede Teilmenge $I_o \subset I$ mit wenigstens zwei Elementen $\bigcap_{i \in I_o} Q_i$ nicht primär ist. Insbesondere sind also bei jeder unverkürzbaren Primärzerlegung $N = \bigcap_{i \in I} Q_i$ die zu den Q_i gehörigen Radikale $\mathcal{Y}_i$ verschieden. Wenn wir von einer Primärzerlegung fordern, daß $N = \bigcap_{i \in I} Q_i$ ein lokalendlicher Durchschnitt (vgl. 2.18) ist, so können wir den Eindeutigkeitssatz auch für lokalendliche unverkürzbare Primärzerlegungen zeigen:

<u>Satz 4.8:</u> Sind in M alle speziellen Modulverteilungen $\{(K_i, Rm_i); i \in \mathbb{N}\}$ mit $K_i \subset K_{i+1}$ und $Rm_i \supset Rm_{i+1}$ durch Untermodul von M lösbar, so gilt für jeden Untermodul $N \subset M$:

a) Jede lokalendliche Primärzerlegung von N läßt sich durch Zusammenfassen von je endlich vielen Primärmoduln oder Weglassen von Primärmoduln zu einer unverkürzbaren Primärzerlegung reduzieren.

b) Jede lokalendliche, unverkürzbare Primärzerlegung ist kanonisch.

c) $\{\operatorname{Var}\mathfrak{p};\ \mathfrak{p}\in \operatorname{Ass}_M N\}$ ist eine lokalendliche Familie analytischer Mengen, d.h.: Für jedes Kompaktum $K \subset G$ ist $\operatorname{Var}\mathfrak{p} \cap K \neq \emptyset$ nur für endlich viele $\mathfrak{p} \in \operatorname{Ass}_M N$. Diese Aussage ist auch ohne obige Voraussetzung gültig.

<u>Beweis:</u> a,c) Da G Steinsch ist, gibt es eine kompakte Ausschöpfung $\{K_n;\ n\in \mathbb{N}\}$ mit $K_n = \hat{K}_n$. Dann ist MR_{K_n} noethersch und erfüllt I nach 1.1o. Folglich ist $\operatorname{Ass}_{MR_{K_n}} NR_{K_n}$ endlich. Also ist auch die Menge der $\mathfrak{p} \in \operatorname{Ass}_M N$ mit $\operatorname{Var}\mathfrak{p} \cap K_n \neq \emptyset$ endlich. Somit ist c) bewiesen. Da $N = \bigcap_{i\in I} Q_i$ nun eine lokalendliche Primärzerlegung ist, folgt mit 2.19, daß $NR_{K_n} = \bigcap_{i\in I} Q_i R_{K_n}$ ist. Dann gibt es eine endliche Teilmenge $I_n \subset I$ mit $NR_{K_n} = \bigcap_{i\in I_n} Q_i R_{K_n}$. Weiter gilt für alle Q_j mit $\operatorname{Var} Q_j \cap K_n \neq \emptyset$ nach 1.17 $Q_j \supset \bigcap_{i\in I_n} Q_i$. Folglich braucht man für eine endliche Zerlegung von $NR_{K_{n+1}}$ nur solche $j \in I_{n+1}$ mit $\operatorname{Var} Q_j \cap K_n = \emptyset$ zu I_n noch hinzuzunehmen. So erhält man endliche Teilmengen $I_n \subset I$ mit $I_n \subset I_{n+1}$, so daß $NR_{K_n} = \bigcap_{i\in I_n} Q_i R_{K_n}$ und $\operatorname{Var} Q_i \cap K_n = \emptyset$ für alle $i \in I_{n+1} - I_n$ gilt. Ist nun $J = \bigsqcup_{n\in\mathbb{N}} I_n$, so gilt wegen $N = \bar{N}$ $\quad N = \bigcap_{j\in J} Q_j$. Weil für jedes $\mathfrak{p} \in \operatorname{Ass}_M N$ und jeden $\mathfrak{p}$-primären Modul $Q \subset M$ nach 1.16 $\operatorname{Var} Q = \operatorname{Var}\mathfrak{p}$ gilt, gibt es nur endlich viele $\mathfrak{p}$-primäre Moduln Q_j mit $j \in J$. Sei $Q_{\mathfrak{p}}$ der endliche Durchschnitt dieser Moduln; dieser ist wieder $\mathfrak{p}$-primär. Dann gilt $\bigcap_{\mathfrak{p}\in \operatorname{Ass}_M N} Q_{\mathfrak{p}} = N$. Da verschiedene $Q_{\mathfrak{p}}$ zu verschiedenen Primidealen assoziiert sind, ist kein Primärmodul in dem Durchschnitt überflüssig, wie man leicht durch Lokalisierung nach einem Punkt sieht. Die Dar-

stellung $N = \bigcap_{\mathfrak{p}\in \mathrm{Ass}_M N} Q_{\mathfrak{p}}$ ist auch unverkürzbar; wäre nämlich für eine Teilmenge $L \subset \mathrm{Ass}_M N$ wieder $Q = \bigcap_{\mathfrak{p}\in L} Q_{\mathfrak{p}}$ primär, so wäre für $z \in \mathrm{Var}\, Q$ auch $QR_z = \bigcap_{\mathfrak{p}\in L} Q_{\mathfrak{p}} R_z$ in MR_z primär (man kann hier Lokalisation und Durchschnittbildung nach 2.19 vertauschen, weil die Familie $\{\mathrm{Var}\, Q_{\mathfrak{p}} ; \mathfrak{p}\in L\}$ lokalendlich ist). Da der letzte Durchschnitt eigentlich endlich ist und verschiedene $Q_{\mathfrak{p}}$ zu verschiedenen Primidealen assoziiert sind, muß $QR_z = Q_{\mathfrak{p}_0} R_z$ und nach 1.17 auch $Q = Q_{\mathfrak{p}_0}$ gelten.

b) Ist $N = \bigcap_{i\in I} Q_i$ eine lokalendliche, unverkürzbare Primärzerlegung, so ist $NR_z = \bigcap_{i\in I}{}' Q_i R_z$ unverkürzbare endliche Primärzerlegung, wenn der Durchschnitt nur über i mit $Q_i R_z \neq MR_z$ läuft. Dann ist $NR_z = \bigcap_{i\in I}{}' Q_i R_z$ eine Lasker-Noether-Zerlegung.

Weiter haben wir in a) auch bewiesen, daß eine lokalendliche Primärzerlegung schon unverkürzbar und kanonisch ist, wenn alle Primärmoduln in der Zerlegung paarweise verschiedene Radikale haben und diese Radikale aus $\mathrm{Ass}_M N$ sind. Umgekehrt gilt:

<u>Folgerung 4.9:</u> In M seien alle speziellen Modulverteilungen $\{(K_i, Rm_i)\}$ mit $K_i \subset K_{i+1}$ und $Rm_i \supset Rm_{i+1}$ lösbar. $N \subset M$ sei ein Untermodul. Ist $N = \bigcap_{i\in I} Q_i$ eine unverkürzbare, lokalendliche Primärzerlegung, so sind die Radikale der Q_i paarweise verschieden und unabhängig von der Zerlegung eindeutig bestimmt. Die Menge dieser Radikale ist gerade $\mathrm{Ass}_M N$. Ferner sind die Primärmoduln, deren Radikale in $\mathrm{Ass}_M N$ minimal sind, unabhängig von der Zerlegung eindeutig bestimmt.

<u>Beweis:</u> Nach 4.8 ist $N = \bigcap_{i\in I} Q_i$ kanonisch, dann folgt die Behauptung mit 4.4.

Einen Beweis zu 4.9 hätte man auch direkt mittels 2.19 durch Lokalisierung nach allen Punkten aus den Eindeutigkeitssätzen für noethersche Moduln gewinnen können. Satz 4.8 zeigt, daß speziell in Moduln, in denen "Theorem A" richtig ist, die Eindeutigkeitssätze für lokalendliche Primärzerlegungen gelten.

Es sei bemerkt, daß bei einer nur lokalendlichen kanonischen Primärzerlegung unendlich viele Primärmoduln zum selben Primideal vorkommen können. Jedoch müssen die Eindeutigkeitssätze nach 4.4 gelten. Für ganz beliebige Primärzerlegungen $N = \bigcap_{i \in I} Q_i$ sind diese Sätze natürlich falsch (z.B. ist in $R(\mathbb{C})$ der Durchschnitt $\bigcap_{n \in \mathbb{N}} z^n R(\mathbb{C})$ eine Primärzerlegung für das prime Nullideal). Wir wollen nun ein Verfahren zur Konstruktion lokalendlicher unverkürzbarer Primärzerlegungen angeben:

<u>Satz 4.1o:</u> Sind in M alle speziellen Modulverteilungen $\{(K_i, Rm_i);\ i \in \mathbb{N}\}$ mit $K_i \subset K_{i+1}$ und $Rm_i \supset Rm_{i+1}$ durch Untermoduln lösbar, so hat jeder Untermodul $N = \bar{N} \subset M$ eine kanonische, unverkürzbare, lokalendliche Primärzerlegung $N = \bigcap_{i \in I} Q_i$, wobei die Radikale der Q_i paarweise verschieden sind.

<u>Beweis:</u> Da G Steinsch ist, hat G eine kompakte Ausschöpfung $\{K_n;\ n \in \mathbb{N}\}$ mit $K_n = \hat{K}_n$. Dann ist MR_{K_n} noethersch und erfüllt I. Also hat $NR_{K_n} = \bigcap_{i \in I_n} Q_i R_{K_n}$ eine Lasker-Noether-Zerlegung, wobei $Q_i \subset M$ primär sind. Da für jedes Q_j, $j \in I_{n+1}$, mit $\operatorname{Var} Q_j \cap K_n \neq \emptyset$ nach 1.17 $Q_j \supset \bigcap_{i \in I_n} Q_i$ ist, kann man I_{n+1} so wählen, daß $I_n \subset I_{n+1}$ und für alle $j \in I_{n+1} - I_n$ $\operatorname{Var} Q_j \cap K_n = \emptyset$ gilt. Mit $I = \bigcup_{n \in \mathbb{N}} I_n$ ist dann

$N = \bigcap_{i \in I} Q_i$ eine lokalendliche unverkürzbare Primärzerlegung, die der Behauptung genügt (vgl. 4.8).

Satz 4.9 und 4.1o sind eine Verallgemeinerung des Hauptsatzes von [1]. Weitere Sätze dieser Arbeit kann man analog für Unterringe beweisen. Wenn in M alle speziellen Modulverteilungen lösbar sind, so ist z.B. jeder irreduzible Untermodul $N = \overline{N} \subset M$ primär. Weiter ist für lokalendliche Familien $\{N_i;\ i \in I\}$ von Untermoduln $N_i \subset M$ und für Ringerweiterungen $R' \supset R$ die Beziehung $\overline{\bigcap_{i \in I} N_i R'} = \overline{(\bigcap_{i \in I} N_i) R'} \subset MR'$ erfüllt; damit folgt insbesondere $\mathrm{Var}(\bigcap_{i \in I} N_i) = \bigcup_{i \in I} \mathrm{Var}\, N_i$. Ist $\{\mathfrak{a}_i;\ i \in I\}$ eine lokalendliche Menge von Idealen aus R, so gilt $\overline{\mathrm{Rad}(\bigcap_{i \in I} \mathfrak{a}_i)} =$
$= \overline{\bigcap_{i \in I} \mathrm{Rad}\, \mathfrak{a}_i}$.

Schließlich gelten ebenso wie in [2] "Krullsche Durchschnittssätze" für Moduln M mit lokal I : Ist $N \subset M$ ein Untermodul und $\mathfrak{a} \subset R$ ein Ideal, so ist

$$\overline{\bigcap_{n \in \mathbb{N}} N + \mathfrak{a}^n M} = \overline{\{m \in M;\ \text{es gibt } a \in \mathfrak{a} \ \text{ mit } m(1-a) \in N\}}$$
$$= \overline{\{m \in M;\ m \in N\omega_z \ \ \forall z \in \mathrm{Var}\, \mathfrak{a}\}} = \overline{\bigcap_{i \in I} Q_i},$$

wobei der letzte Durchschnitt über alle Primärmoduln $Q_i \supset N$ mit $\mathrm{Var}\, Q_i \cap \mathrm{Var}\, \mathfrak{a} \neq \emptyset$ läuft (oder äquivalent über alle Primärmoduln Q_i, so daß für die zugehörigen Primideale $\mathfrak{p}_i$ die Beziehung $\overline{\mathfrak{a} + \mathfrak{p}_i} \neq R$ gilt).

B) Ringerweiterungen

Jetzt sei $R' \subset R(G')$ ein Oberring von R, der lokal die Eigenschaft I bezüglich einer beliebigen Teilmenge $G' \subset G$ besitzt. M sei wieder ein

R-Modul mit lokal I bezüglich G. Indem wir stets R_z durch $\overline{R}_z := R_z/R_z\text{Ann } MR_z$ ersetzen und statt mit R'_z mit $\overline{R'_z} := R'_z/R'_z\text{Ann } MR_z$ rechnen (beide Ringe operieren trivialerweise genauso auf MR_z bzw. MR'_z wie die Ausgangsringe), können wir wegen 1.13 OE immer annehmen, daß auch R lokal I erfüllt. Wir werden diese Reduktion jedoch im folgenden nicht mehr explizit ausführen.

Nach 1.12 erfüllt nun MR' auch lokal I bezüglich G'; somit können wir wie in 4.3 für einen R-Untermodul $N \subset M$ auch $\text{Ass}_{MR'}NR'$ definieren; $\text{Ass}_{MR'}NR'$ ist also die Menge der Primideale $\mathfrak{p} \subset R'$, zu denen es ein $z \in G'$ mit $\mathfrak{p}R'_z \in \text{Ass}_{MR'_z}NR'_z$ gibt. Wir wollen nun untersuchen, welche Beziehungen zwischen $\text{Ass}_M N$ und $\text{Ass}_{MR'}NR'$ bestehen. Als wichtigstes Hilfsmittel benötigen wir dabei, daß $R_z \longrightarrow R'_z$ für alle $z \in G'$ treuflach ist, und daß $MR'_z = M \otimes_R R'_z$ gilt. Die erste Behauptung folgt aus der Treuflachheit der Komplettierung noetherscher lokaler Ringe und der Gleichheit der Komplettierung $\widehat{R}_z = \widehat{\mathcal{O}}_z = \widehat{R'_z}$; die zweite gilt, weil nach 2.5 $MR'_z \otimes_{R'_z} \mathcal{O}_z = M\mathcal{O}_z$ und ebenso nach 2.5 $(M \otimes_R R'_z) \otimes_{R'_z} \mathcal{O}_z = M\mathcal{O}_z$ gilt und $R'_z \longrightarrow \mathcal{O}_z$ treuflach ist.

<u>Lemma 4.11:</u> Für jeden R-Untermodul $N \subset M$ gilt:

$$\text{Ass}_{MR'}NR' = \bigsqcup_{\substack{\mathfrak{p} \in \text{Ass}_M N \\ \text{Var}\,\mathfrak{p} \cap G' \neq \emptyset}} \text{Ass}_{R'}\mathfrak{p}R' .$$

<u>Beweis:</u> Für jedes $z \in G'$ sind R_z und R'_z noethersch sowie MR_z ein endlicher R_z-Modul. Ferner ist nach obigem der Ring R'_z flach über R_z. Somit gilt nach [16] (chap. IV, prop. 15)

$$\text{Ass}_{MR_z \otimes R'_z}NR_z \otimes R'_z = \bigsqcup_{\mathfrak{p} \in \text{Ass}_{MR_z}NR_z} \text{Ass}_{R'_z}\mathfrak{p}R'_z$$

(wobei zu beachten ist, daß $\text{Ass}_M N$ in der in [16] gebrauchten .

Terminologie Ass M/N ist). Wegen des gerade Gesagten ist dann

$$\mathrm{Ass}_{MR'_z} NR'_z = \bigsqcup_{\mathfrak{p} \in \mathrm{Ass}_{MR_z} NR_z} \mathrm{Ass}_{R'_z} \mathfrak{p} R'_z \text{ für alle } z \in G'.$$

Ist nun $\mathfrak{p}' \in \mathrm{Ass}_{MR'} NR'$, so gibt es nach Definition ein $z \in G'$ mit $\mathfrak{p}' R'_z \in \mathrm{Ass}_{MR'_z} NR'_z$; somit ist $\mathfrak{p}' R'_z \in \mathrm{Ass}_{R'_z} \mathfrak{p}^* R'_z$ für ein $\mathfrak{p}^* \in \mathrm{Ass}_{MR_z} NR_z$. Dies besagt gerade, daß $\mathfrak{p}' \in \mathrm{Ass}_{R'} \mathfrak{p} R'$ für $\mathfrak{p} = \mathfrak{p}^* \cap R \in \mathrm{Ass}_M N$ ist. Wegen $z \in G'$ muß notwendigerweise $\mathrm{Var}\, \mathfrak{p} \cap G' \neq \emptyset$ sein. Ist umgekehrt $\mathfrak{p}' \in \mathrm{Ass}_{R'} \mathfrak{p} R'$ für ein $\mathfrak{p} \in \mathrm{Ass}_M N$ mit $\mathrm{Var}\, \mathfrak{p} \cap G' \neq \emptyset$, so gilt nach 4.5 $\mathfrak{p} R_z \in \mathrm{Ass}_{MR_z} NR_z$ für alle $z \in \mathrm{Var}\, \mathfrak{p}$. Da weiterhin nach 4.5 $\mathfrak{p}' R'_z \in \mathrm{Ass}_{R'_z} \mathfrak{p} R'_z$ für alle $z \in \mathrm{Var}\, \mathfrak{p}' \cap G' \subset \mathrm{Var}\, \mathfrak{p}$ gilt, ist nach obiger Formel $\mathfrak{p}' R'_z \in \mathrm{Ass}_{MR'_z} NR'_z$, also $\mathfrak{p}' \in \mathrm{Ass}_{MR'} NR'$.

Im folgenden benötigen wir einige dimensionstheoretische Definitionen: Für ein Primideal $\mathfrak{p} \subset R$ sei die Höhe von $\mathfrak{p}$ ($\mathrm{ht}\, \mathfrak{p}$) die Krulldimension ($\dim R_{\mathfrak{p}}$) des nach $\mathfrak{p}$ lokalisierten Ringes $R_{\mathfrak{p}}$; die Cohöhe von $\mathfrak{p}$ ($\mathrm{cht}_z \mathfrak{p}$) in einem Punkt $z \in G$ sei $\dim R_z/\mathfrak{p} R_z$; die Cohöhe von $\mathfrak{p}$ ($\mathrm{cht}\, \mathfrak{p}$) sei $\mathrm{Max}_{z \in G}\, \mathrm{cht}_z \mathfrak{p}$. Letzteres ist gleich der maximalen Länge aller Primidealketten $\mathfrak{p} = \mathfrak{p}_0 \subsetneqq \ldots \subsetneqq \mathfrak{p}_m$ mit $\mathrm{Var}\, \mathfrak{p}_m \neq \emptyset$.

Für einen Untermodul $N \subset M$ ist die <u>Höhe von N</u> $\quad \mathrm{ht}\, N = \mathrm{Min}_{\mathfrak{p} \in \mathrm{Ass}_M N} \mathrm{ht}\, \mathfrak{p}$,

<u>die Cohöhe von N in einem Punkt $z \in G$</u> $\quad \mathrm{cht}_z N = \mathrm{Max}_{\mathfrak{p} \in \mathrm{Ass}_{MR_z} NR_z} \mathrm{cht}_z \mathfrak{p}$,

<u>die Cohöhe von N</u> $\quad \mathrm{cht}\, N = \mathrm{Max}_{z \in G}\, \mathrm{cht}_z N$.

Wenn R lokal I erfüllt, ist die Höhe von $\mathfrak{p}$ endlich für alle Primideale $\mathfrak{p}$ mit $\mathrm{Var}\, \mathfrak{p} \neq \emptyset$, da R_z für alle $z \in G$ noethersch ist. Somit ist auch ht N für Untermoduln $N \subset M$ endlich. Ist speziell $\mathfrak{a} \subset R$ ein Ideal, das von m Elementen erzeugt wird, so folgt sofort durch Lokalisation ht $\mathfrak{a} \leq m$. Die Cohöhe $\text{cht}_z N$ ist stets endlich, da $\text{cht}_z N \leq$ $\leq \dim R_z/R_z\text{Ann } M$ ist und $R_z/R_z\text{Ann } M$ noethersch und lokal ist. Ist etwa $\dim \mathcal{O}_z \leq n$ für alle $z \in G$, so ist auch $\dim \mathcal{O}_z/\mathcal{O}_z\text{Ann } M \leq n$ und wegen 1.22 auch $\dim R_z/R_z\text{Ann } M \leq n$; somit ist dann $\text{cht } N \leq n$ für alle $N \subset M$.

Wir wollen nun die Aussage von Lemma 4.11 noch verschärfen; dazu definieren wir die m-fach eingebetteten assoziierten Primideale:

<u>Definition 4.12:</u> Für einen Untermodul $N \subset M$ sei $\text{Ass}_M^0 N$ die Menge der minimalen Primideale in $\text{Ass}_M N$ und $\text{Ass}_M^m N$ die Menge der in $(\text{Ass}_M N - \bigcup_{i=0}^{m-1} \text{Ass}_M^i N)$ minimalen Primideale.

Offensichtlich ist $\text{Ass}_M N = \bigcup_{m=0}^{\infty} \text{Ass}_M^m N$; sonst gäbe es nämlich ein Primideal $\mathfrak{p} \in \text{Ass}_M N$ und Primideale $\mathfrak{p}_n \in \text{Ass}_M N$ mit $\mathfrak{p}_1 \subsetneq \mathfrak{p}_2 \subsetneq \ldots \subset \mathfrak{p}$, dann wäre $\mathfrak{p}_1 \bar{R}_z \subsetneq \mathfrak{p}_2 \bar{R}_z \subsetneq \ldots$ für $z \in \text{Var } \mathfrak{p}$ eine unendliche, echt aufsteigende Primidealkette in $\bar{R}_z = R_z/R_z\text{Ann } M$ im Widerspruch zur Noetherzität von $\bar{R}_z$. Wegen $\dim \bar{R}_z = \dim \mathcal{O}_z/\mathcal{O}_z\text{Ann } M$ erhalten wir genauer $\text{Ass}_M N = \bigcup_{m=0}^{\dim G} \text{Ass}_M^m N$. Wir wollen nun die gleiche Formel wie 4.11 für die m-fach eingebetteten assoziierten Primideale herleiten. Dazu zeigen wir zunächst folgendes

<u>Lemma 4.13:</u> Für alle Primideale $\mathfrak{p} \in \text{Ass}_M N$ gilt:

$$\text{Ass}_{R'} \mathfrak{p}R' = \{\mathfrak{p}' \in \text{Ass}_{MR'} NR';\ \mathfrak{p}' \cap R = \mathfrak{p}\}$$
$$= \{\mathfrak{p}' \in \text{Ass}_{MR'} NR';\ \mathfrak{p}' \cap R = \mathfrak{p},\ \text{cht}_z \mathfrak{p} = \text{cht}_z \mathfrak{p}'\ \forall z \in \text{Var } \mathfrak{p}'\}.$$

Insbesondere sind für verschiedene $\mathfrak{p}_i \in \text{Ass}_M N$ die Mengen $\text{Ass}_{R'} \mathfrak{p}_i R'$ disjunkt.

Beweis: Ist $\mathfrak{p}' \in \mathrm{Ass}_{R'}\mathfrak{p}R'$, so ist für $z \in \mathrm{Var}\,\mathfrak{p}'$ nach 4.5 auch $\mathfrak{p}'R'_z \in \mathrm{Ass}_{R'_z}\mathfrak{p}R'_z$. Nach [16](chap.IV, prop.15) sind dann die Assoziierten von $\mathfrak{p}'\widehat{R'_z}$ auch zu $\mathfrak{p}\widehat{R'_z}$ assoziiert. Wegen $\widehat{R}_z = \widehat{R'_z}$ sind sie somit auch zu $\mathfrak{p}\widehat{R}_z$ assoziiert. Weil R_z und R'_z Faktorringe von Macaulay-Ringen sind, gilt deshalb nach [16](chap.IV,Theorem 7) $\mathrm{cht}_z\mathfrak{p} = \dim \widehat{R}_z/\mathfrak{p}\widehat{R}_z = \mathrm{cht}_z\,\mathfrak{p}'$.
Ist nun $\mathfrak{q} = \mathfrak{p}'\cap R$, so ist $\mathfrak{q}\widehat{R}_z \subset \mathfrak{p}'\widehat{R}_z$ und es gilt wie oben $\mathrm{cht}_z\mathfrak{q} = \dim\widehat{R}_z/\mathfrak{q}\widehat{R}_z \geqslant \mathrm{cht}_z\mathfrak{p}' = \mathrm{cht}_z\mathfrak{p}$. Daraus folgt wegen $\mathfrak{q}\supset\mathfrak{p}$ schon $\mathfrak{q}=\mathfrak{p}$ und somit $\mathfrak{p}'\cap R=\mathfrak{p}$. Ist umgekehrt $\mathfrak{p}'\in \mathrm{Ass}_{MR'}NR'$ und $\mathfrak{p}'\cap R = \mathfrak{p}$, so existiert nach 4.11 ein $\mathfrak{q}\in\mathrm{Ass}_M N$ mit $\mathfrak{p}'\in \mathrm{Ass}_{R'}\mathfrak{q}R'$. Nach obigem gilt dann $\mathfrak{p}'\cap R=\mathfrak{q}$, also $\mathfrak{q}=\mathfrak{p}$.

Satz 4.14: Für jeden R-Untermodul $N\subset M$ gilt:

$$\mathrm{Ass}^m_{MR'}NR' = \bigsqcup_{\substack{\mathfrak{p}\in \mathrm{Ass}^m_M N\\ \mathrm{Var}\,\mathfrak{p}\cap G' \neq \emptyset}} \mathrm{Ass}_{R'}\mathfrak{p}R'$$

Beweis: Wenn $\mathfrak{q}_m \in \mathrm{Ass}^m_{MR'}NR'$ ist, so existiert nach 4.11 eine Zahl $n\in\mathbb{N}$ und ein Primideal $\mathfrak{p}_n\in\mathrm{Ass}^n_M N$ mit $\mathrm{Var}\,\mathfrak{p}_n\cap G'\neq\emptyset$ und $\mathfrak{q}_m\in\mathrm{Ass}_{R'}\mathfrak{p}_nR'$. Dann existiert in $\mathrm{Ass}_M N$ eine Primidealkette $\mathfrak{p}_0\subsetneqq\dots\subsetneqq\mathfrak{p}_n$; nach 1.17 gilt dann auch $\mathfrak{p}_0R'_z\subsetneqq\dots\subsetneqq\mathfrak{p}_nR'_z$ für $z\in\mathrm{Var}\,\mathfrak{p}_n\cap G'$. Seien nun $\mathfrak{q}_i^j$ die Primideale aus R', so daß $\mathfrak{q}_i^jR'_z$ zu $\mathfrak{p}_iR'_z$ assoziiert ist. Es ist also $\mathfrak{q}_i^j\in\mathrm{Ass}_{R'}\mathfrak{p}_iR'$ und damit nach 4.11 $\mathfrak{q}_i^j\in\mathrm{Ass}_{MR'}NR'$. Ferner sei OE $\mathfrak{q}_m=\mathfrak{q}_n^1$. Da nun auch $\mathrm{Rad}\,\mathfrak{p}_nR'_z\supset\dots\supset\mathrm{Rad}\,\mathfrak{p}_0R'_z$ gilt und da nach 4.13 das Ideal $\mathfrak{p}_iR'_z$ keine eingebetteten Komponenten hat, existiert zu jedem $i\in\{n,\dots,0\}$ in $\mathrm{Ass}_{R'}\mathfrak{p}_iR'$ ein Primideal $\mathfrak{q}_i^{k(i)}$ mit $\mathfrak{q}_m=\mathfrak{q}_n^1\supset\mathfrak{q}_{n-1}^{k(n-1)}\supset\dots\supset\mathfrak{q}_0^{k(0)}$.
Da nach Lemma 4.13 $\mathfrak{q}_i^j\cap R=\mathfrak{p}_i$ gilt, muß sogar

$\mathfrak{q}_n^1 \supsetneqq \mathfrak{q}_{n-1}^{k(n-1)} \supsetneqq \ldots \supsetneqq \mathfrak{q}_o^{k(o)}$ sein. Wegen $\mathfrak{q}_i^{k(i)} \in \mathrm{Ass}_{MR'}NR'$ ist also $n \leq m$. Angenommen es wäre $n < m$: Es gibt nun eine Primidealkette in $\mathrm{Ass}_{MR'}NR'$: $\mathfrak{q}_o \subsetneqq \ldots \subsetneqq \mathfrak{q}_m$. Nach 4.11 ist dann $\mathfrak{q}_i \in \mathrm{Ass}_{R'}\mathfrak{p}_i^* R'$ für gewisse $\mathfrak{p}_i^* \in \mathrm{Ass}_M N$; wegen 4.13 gilt sogar $\mathfrak{p}_i^* = \mathfrak{q}_i \cap R$. Also gilt $\mathfrak{p}_o^* \subset \ldots \subset \mathfrak{p}_m^* = \mathfrak{p}_n$. Hier kann aber nirgendwo eine unechte Inklusion stehen, da nach 4.13 $\mathrm{cht}_z \mathfrak{q}_j = = \mathrm{cht}_z \mathfrak{p}_j^*$ gilt. Somit müßte $\mathfrak{p}_n$ aus $\mathrm{Ass}_M^k N$ mit $k > n$ sein. Dies ist ein Widerspruch; folglich ist $n = m$.

<u>Folgerung 4.15:</u> a) Hat $N \subset M$ keine eingebetteten Komponenten (d.h. $\mathrm{Ass}_M N = \mathrm{Ass}_M^o N$), so hat $NR' \subset MR'$ auch keine eingebetteten Komponenten.

b) Hat umgekehrt $NR' \subset MR'$ keine eingebetteten Komponenten, so ist für jede eingebettete Komponente Q von $N \subset M$ stets $\mathrm{Var}\, Q \cap G' = \emptyset$.

c) $N \subset M$ hat genau dann keine eingebetteten Komponenten, wenn $N\mathcal{O}_z \subset M\mathcal{O}_z$ für alle $z \in G$ keine eingebetteten Komponenten hat.

d) Ist $G = G'$ und $NR' \subset MR'$ primär, so ist auch $\overline{N} \subset M$ primär.

<u>Beweis:</u> d) Da $\mathrm{Ass}_{MR'}NR'$ nur aus einem Element besteht, besitzt $\mathrm{Ass}_M \overline{N}$ nach 4.13 auch nur ein Element. Dann folgt die Behauptung mit 4.6.

<u>Folgerung 4.16:</u> Wenn $\mathfrak{p}' \in \mathrm{Ass}^m_{MR'}NR'$ ist, so gilt $\mathfrak{p}' \cap R = \mathfrak{p} \in \mathrm{Ass}_M^m N$ und $\mathrm{cht}_z \mathfrak{p}' = \mathrm{cht}_z \mathfrak{p}$ für alle $z \in \mathrm{Var}\, \mathfrak{p}'$.

<u>Beweis:</u> Nach 4.14 ist $\mathfrak{p}' \in \mathrm{Ass}_{R'}\mathfrak{q}R'$ für ein $\mathfrak{q} \in \mathrm{Ass}_M^m N$. Wegen 4.13 gilt dann $\mathfrak{q} = \mathfrak{p}$ und $\mathrm{cht}_z \mathfrak{p} = \mathrm{cht}_z \mathfrak{p}'$ für $z \in \mathrm{Var}\, \mathfrak{p}'$.

Folgerung 4.17: Für alle $z \in G'$ ist $\mathrm{cht}_z N = \mathrm{cht}_z NR'$. Wenn $G = G'$ ist, so gilt $\mathrm{cht}\, N = \mathrm{cht}\, NR'$.

Weiterhin kann man zeigen, daß sich die Höhe von Untermoduln bei Grundringerweiterung auch gut verhält: Es gilt stets $\mathrm{ht}\, NR' \geq \mathrm{ht}\, N$ und im Falle $G = G'$ sogar $\mathrm{ht}\, N = \mathrm{ht}\, NR'$, wie es auch zu erwarten ist. Jedoch ist der Beweis etwas langwieriger.

Als Korollar erhält man aus diesen Folgerungen natürlich sofort Aussagen über die Dimension R-analytischer Mengen in komplexen Räumen:

Korollar 4.18: Erfüllt R lokal I bezüglich eines komplexen Steinschen Raumes G und ist $A = \mathrm{Var}\, \mathfrak{a}$ für ein Ideal $\mathfrak{a} \subset R$, so gilt $\dim_z A = \mathrm{cht}_z \mathfrak{a}$ für alle $z \in G$.

Beweis: Es ist $\dim_z A = \dim \mathcal{O}_z / \mathfrak{a}\, \mathcal{O}_z$ und nach 4.17 ist dies gleich der Cohöhe $\mathrm{cht}_z \mathfrak{a}$.

Der letzte Satz besagt also, daß die gewöhnliche analytische Dimension einer R-analytischen Menge A gleich der algebraischen Dimension ist. Das wurde schon in §3, D benutzt, als die Äquivalenz von rein 1-codimensionalen R-analytischen Mengen und Varietäten von Hauptidealverteilungen in R über Mannigfaltigkeiten G verwendet wurde. Speziell folgt mit 4.18 in Verbindung mit 1.17 noch: Zu jedem Primideal $\mathfrak{p} \subset R$ der Cohöhe m gibt es einen m-dimensionalen regulären Mengenkeim V um einen Punkt $z_0 \in G$ mit $\mathfrak{p} = \{ r \in R;\ r \equiv 0 \text{ auf } V \}$. Umgekehrt ist trivialerweise jedes so definierte Ideal wieder prim.

Weiter folgt aus 4.18 mit 4.16:

<u>Korollar 4.19:</u> R erfülle lokal I bezüglich eines komplexen Steinschen Raumes G. Dann hat für jedes Primideal $\mathfrak{p} \subset R$ jeder Zweig des analytischen Mengenkeims von Var $\mathfrak{p}$ in $z \in G$ die gleiche Dimension $\operatorname{cht}_z \mathfrak{p}$. Somit ist die Varietät eines Primideals $\mathfrak{p} \subset R$ eine lokal rein-dimensionale analytische Menge von der algebraisch zu erwartenden Dimension. Ist speziell Var $\mathfrak{p}$ zusammenhängend, so ist $\dim \mathcal{O}_z/\mathfrak{p}\,\mathcal{O}_z = \operatorname{cht}_z \mathfrak{p} = \operatorname{cht} \mathfrak{p}$ unabhängig von $z \in \operatorname{Var} \mathfrak{p}$; ferner hat jede maximale Primidealkette $\mathfrak{p} = \mathfrak{p}_0 \subsetneqq \dots \subsetneqq \mathfrak{p}_n \subset R$ mit $\operatorname{Var} \mathfrak{p}_n \neq \emptyset$ dann dieselbe Länge $n = \operatorname{cht} \mathfrak{p}$.

Nur die letzte Behauptung bedarf noch eines Beweises. Diese folgt aber sofort aus nachstehendem Satz, angewandt auf $(G, \mathcal{O}) = (\operatorname{Var} \mathfrak{p}, \mathcal{O}/\mathcal{O}\mathfrak{p})$.

<u>Satz 4.2o:</u> Erfüllt R lokal I bezüglich eines Steinschen Raumes G und gilt $\dim \mathcal{O}_z = \dim G$ für alle $z \in G$, so folgt:

a) Jede maximale Primidealkette $\mathfrak{p}_0 \subsetneqq \dots \subsetneqq \mathfrak{p}_n \subset R$ in R mit $\operatorname{Var} \mathfrak{p}_n \neq \emptyset$ hat dieselbe Länge $n = \dim G$.

b) Für jedes Primideal $\mathfrak{p} \subset R$ mit $\operatorname{Var} \mathfrak{p} \neq \emptyset$ ist $\operatorname{cht}_z \mathfrak{p} = \operatorname{cht} \mathfrak{p}$ unabhängig von $z \in \operatorname{Var} \mathfrak{p}$. Weiter gilt $\operatorname{ht} \mathfrak{p} + \operatorname{cht} \mathfrak{p} = \dim G$.

<u>Beweis:</u> a) Da R_z für alle $z \in G$ Faktorringe von Cohen-Macaulay-Ringen sind, genügt es nach [16] (IV-24, cor.3) zu zeigen, daß alle minimalen Primideale $\mathfrak{p}_0$ in R_z die Cohöhe $n = \dim G$ haben. Da nach 4.14 für das Nullideal oR_z $\operatorname{Ass}^o_{\mathcal{O}_z} o\mathcal{O}_z = \bigsqcup_{\mathfrak{p} \in \operatorname{Ass}^o_{R_z} oR_z} \operatorname{Ass}_{\mathcal{O}_z} \mathfrak{p}\,\mathcal{O}_z$ gilt,

sind zu $\mathfrak{p}_o \mathcal{O}_z$ nur minimale Primideale $\mathfrak{q}$ in $\mathcal{O}_z$ assoziiert. Wegen $\dim \mathcal{O}_z = n$ für alle $z \in G$ ist $\mathrm{cht}_z \mathfrak{q} = n$ und daher nach 4.13

$\mathrm{cht}_z \mathfrak{p}_o = \mathrm{cht}_z \mathfrak{q} = n = \dim G$.

b) folgt sofort aus a).

Weiterhin kann man mittels 4.18 zeigen, daß für jede R-analytische Menge A, die echt in der Varietät eines Primideals $\mathfrak{p} \subset R$ enthalten ist, $\dim_z A < \dim_z \mathrm{Var}\,\mathfrak{p}$ für alle $z \in \mathrm{Var}\,\mathfrak{p}$ gilt, falls $\mathrm{Var}\,\mathfrak{p}$ zusammenhängend ist. Ist A nur eine analytische Menge, so ist diese Aussage falsch.

Im folgenden wollen wir nun die Varietät der m-fach eingebetteten Komponente von Untermoduln $N \subset M$ untersuchen; allgemeiner kann man diese Varietät auch für beliebige kohärente Garben $\mathcal{N} \subset \mathcal{M}$ auf G definieren:

Definition 4.21: a) Für jede Zahl $m \in \mathbb{N}$ und jeden R-Untermodul $N \subset M$ sei $\mathrm{Var}_M^m N := \bigcup_{\mathfrak{p} \in \mathrm{Ass}_M^m N} \mathrm{Var}\,\mathfrak{p}$.

b) Sind $\mathcal{N} \subset \mathcal{M}$ kohärente Garben über einem beliebigen analytischen Raum X, so sei $\mathrm{Var}_{\mathcal{M}}^m \mathcal{N} := \{ z \in X;\ \mathrm{Ass}_{\mathcal{M}_z}^m \mathcal{N}_z \neq \emptyset \}$.

In den folgenden beiden Lemmata haben wir die wichtigsten Aussagen über $\mathrm{Var}_M^m N$ für Untermoduln $N \subset M$ zusammengestellt:

Lemma 4.22: a) $\mathrm{Var}_M^0 N = \mathrm{Var}_M N$; $\mathrm{Var}_M^0 N \supset \mathrm{Var}_M^1 N \supset \ldots$. Im komplex-analytischen Fall gilt außerdem $\dim_z \mathrm{Var}_M^m N > \dim_z \mathrm{Var}_M^{m+1} N$ für alle $z \in \mathrm{Var}_M^{m+1} N$.

b) Ist $m > \dim G$, so ist $\mathrm{Var}_M^m N = \emptyset$.

c) Hat $N \subset M$ keine eingebetteten Komponenten, so ist $\mathrm{Var}_M^m N = \emptyset$ für $m \geqslant 1$.

d) $\mathrm{Var}_N^m M$ sind R-analytische Mengen.

Beweis: Da es zu jedem Primideal $\mathfrak{p} \in \mathrm{Ass}_M^{m+1} N$ ein Primideal $\mathfrak{q} \in \mathrm{Ass}_M^m N$ mit $\mathfrak{q} \subsetneq \mathfrak{p}$ gibt, folgt a) sofort. Ferner folgen b) und c) sofort aus der Definition und d) aus 4.8, c).

Lemma 4.23: In R seien alle speziellen Idealverteilungen $\{(K_i, Rf_i)\}$ mit $K_i \subset K_{i+1}$ und $Rf_i \supset Rf_{i+1}$ lösbar. Ist $N = \bar{N} = \bigcap_{\mathfrak{p} \in \mathrm{Ass}_M N} Q(\mathfrak{p})$ eine kanonische lokalendliche Primärzerlegung, so ist $\mathrm{Var}_M^m N = \mathrm{Var}\, N_m$, wobei $N_m := \bigcap_{\mathfrak{p} \in \mathrm{Ass}_M^m N} Q(\mathfrak{p})$ ist. Erfüllt zusätzlich auch R lokal I, so gilt $\mathrm{Var}_M^m N = \mathrm{Var}\, \mathfrak{a}_m$ für $\mathfrak{a}_m = \bigcap_{\mathfrak{p} \in \mathrm{Ass}_M^m N} \mathfrak{p}$. In diesem Fall kann also $\mathrm{Var}_M^m N$ global durch ein Ideal $\mathfrak{a}_m \subset R$ dargestellt werden.

Der Beweis folgt sofort aus der Vertauschbarkeit von Lokalisation mit lokalendlichen Durchschnitten (vgl. 2.19).
Im folgenden Lemma zeigen wir nun den Zusammenhang zwischen der Varietät der m-fach eingebetteten Komponente analytischer Moduln und der entsprechenden Varietät der von diesen Moduln erzeugten Garben auf:

Lemma 4.24: Sind $N \subset M$ analytische R-Moduln und $\mathcal{N} \subset \mathcal{M}$ die von N bzw. M erzeugten kohärenten Garben, so gilt $\mathrm{Var}_M^m N = \mathrm{Var}_{\mathcal{M}}^m \mathcal{N}$ für alle $m \in \mathbb{N}$.

Beweis: Da $\mathcal{N}_z = N\mathcal{O}_z$ und $\mathcal{M}_z = M\mathcal{O}_z$ für alle $z \in G$ gilt, folgt die Behauptung aus 4.14.

Folgerung 4.25: Sind $\mathcal{N} \subset \mathcal{M}$ zwei kohärente Garben auf einem beliebigen analytischen Raum X, so gilt:

a) $\mathrm{Var}^{o}_{\mathcal{M}}\mathcal{N} = \mathrm{Tr}\,\mathcal{M}/\mathcal{N}$; $\mathrm{Var}^{o}_{\mathcal{M}}\mathcal{N} \supset \mathrm{Var}^{1}_{\mathcal{M}}\mathcal{N} \supset \ldots$. Im komplex-analytischen Fall gilt außerdem $\dim_z \mathrm{Var}^{m}_{\mathcal{M}}\mathcal{N} > \dim_z \mathrm{Var}^{m+1}_{\mathcal{M}}\mathcal{N}$ für alle $z \in \mathrm{Var}^{m+1}_{\mathcal{M}}\mathcal{N}$.

b) Ist $m > \dim X$, so ist $\mathrm{Var}^{m}_{\mathcal{M}}\mathcal{N} = \emptyset$.

c) $\mathrm{Var}^{m}_{\mathcal{M}}\mathcal{N}$ sind analytische Mengen.

Beweis: Da alle Aussagen lokal sind, kann man OE annehmen, daß X ein Steinscher Raum ist, der in einem $\mathbb{C}^n$ enthalten ist. Dann wird $\mathcal{N}$ bzw. $\mathcal{M}$ von $\Gamma(X,\mathcal{N}) = N \subset M = \Gamma(X,\mathcal{M})$ erzeugt. Die Behauptung folgt dann mit 4.24 aus 4.22.

C) Primärmoduln und Ringerweiterungen

In diesem Absatz sei G immer ein komplexer Steinscher Raum. Wir wollen nun untersuchen, wann für Primärmoduln $Q \subset M$ bei analytischen Ringerweiterungen $R \subset R' \subset R(G')$, wobei $G' \subset G$ eine beliebige Teilmenge ist, der erweiterte Modul $\overline{QR'} \subset MR'$ wieder primär ist. Dazu beweisen wir zunächst eine lokale Charakterisierung für Primärmoduln. Als Anwendung davon erhalten wir dann ein Konstruktionsverfahren dafür, wie man eine kanonische Primärzerlegung von $\overline{NR'} \subset MR'$ aus einer kanonischen Primärzerlegung von $N \subset M$ erhalten kann. Schließlich folgt noch eine Aussage darüber, wann ein Primärideal $\mathfrak{q} \subset \mathcal{O}_z$, dessen Radikal $\mathrm{Rad}\,\mathfrak{q}$ in $\mathcal{O}_z$ durch globale Funktionen aus R(G) erzeugt wird, schon selbst durch globale Funktionen erzeugt werden kann.

Satz 4.26: Sei $N = \bar{N} \subset M$ ein R-Untermodul. Wenn Var N zusammenhängend und $NR_z \subset MR_z$ für jedes $z \in G$ primär ist, so ist $N \subset M$ primär.

Beweis: Wenn $\mathfrak{p} \neq \mathfrak{q}$ zwei verschiedene Primideale aus $Ass_M N$ sind, so ist $\text{Var}\,\mathfrak{p} \cap \text{Var}\,\mathfrak{q} = \emptyset$. Sonst wäre für $z \in \text{Var}\,\mathfrak{p} \cap \text{Var}\,\mathfrak{q}$ nämlich $\mathfrak{p}R_z \neq \mathfrak{q}R_z$ und $\mathfrak{p}R_z, \mathfrak{q}R_z \in Ass_{MR_z} NR_z$ nach 4.5, folglich wäre $NR_z \subset MR_z$ nicht primär. Somit ist $\text{Var}\,N = \bigsqcup_{\mathfrak{p} \in Ass_M N} \text{Var}\,\mathfrak{p}$ nach 4.8 c) eine lokalendliche, disjunkte Vereinigung analytischer Mengen. Da Var N zusammenhängend ist, muß somit $Ass_M N$ aus einem Element bestehen. Nach 4.6 ist dann $N = \bar{N} \subset M$ primär.

Wenn in Satz 4.26 $R = R(G)$ ist, so gilt auch die Umkehrung; wenn nämlich $N \subset M$ primär ist, so ist Var N nach 2.12 zusammenhängend. Allgemeiner folgt für jeden R-Modul M, in dem "Theorem A für endliche Überdeckungen" gilt, daß ein Untermodul $N = \bar{N} \subset M$ genau dann primär ist, wenn Var N zusammenhängend und $NR_z \subset MR_z$ für jedes $z \in G$ primär ist.

Im folgenden Satz leiten wir jetzt eine ähnliche Aussage wie in 4.25 her; diese wird bei späteren Anwendungen aber erheblich wichtiger sein. Dazu definieren wir zunächst:

Definition 4.27: Für einen R-Untermodul $N \subset M$ sei Reg N der reguläre Ort der analytischen Menge Var N.

Satz 4.28: Ist $N \subset M$ ein R-Untermodul ohne eingebettete Komponenten, so ist für jede offene Teilmenge $G^* \subset G$, für die $G^* \cap \text{Reg}\,N$ zusammenhängend ist, $N^* := \{ m \in M;\ m \in N\mathcal{O}_z\ \forall z \in G^* \}$ ein primärer Untermodul von M.

<u>Beweis:</u> Sei $\bar{N} = \bigcap_{i\in I} Q_i$ eine kanonische Primärzerlegung, $J := \{i \in I;\ \mathrm{Var}\, Q_i \cap G^* \neq \emptyset\}$. Dann ist $N^* = \bigcap_{j\in J} Q_j$: Ist nämlich $n \in N^*$, so ist $n \in N^* R_z = NR_z = \bigcap_{j\in J} (Q_j R_z)$ für alle $z \in G^*$, nach 1.17 ist dann $n \in \bigcap_{j\in J} Q_j$. Wenn umgekehrt $n \in \bigcap_{j\in J} Q_j$ ist, so gilt $n \in \bigcap_{j\in J} (Q_j R_z) = NR_z$ für alle $z \in G^*$; also ist $n \in N^*$ nach Definition von N^*.

Nach 4.15 hat mit N auch $N\mathcal{O}_z \subset M\mathcal{O}_z$ keine eingebetteten Komponenten, folglich kann nie $\mathrm{Rad}(\mathcal{Y}_i \mathcal{O}_z) \subsetneqq \mathrm{Rad}(\mathcal{Y}_j \mathcal{O}_z)$ für $i, j \in J$ gelten. Wenn also nicht alle $\mathrm{Var}\, \mathcal{Y}_j$ für $j \in J$ gleich wären, so wäre stets $\mathrm{Var}\, \mathcal{Y}_j \cap G^* \neq \mathrm{Var}\, N \cap G^*$. Da nun $\mathrm{Reg}\, N \cap G^*$ zusammenhängend ist, kann $\mathrm{Var}\, N \cap G^*$ nicht gleich der nach 4.8 c) lokalendlichen Vereinigung echt kleinerer analytischer Mengen $\mathrm{Var}\, \mathcal{Y}_j \cap G^*$ sein. Somit gilt $\mathrm{Var}\, \mathcal{Y}_i = \mathrm{Var}\, \mathcal{Y}_j$ für alle $i, j \in J$ und folglich ist $\mathcal{Y}_i = \mathcal{Y}_j$. Da diese Ideale minimal in $\mathrm{Ass}_M N$ sind, ist $Q_i = Q_j$ nach 4.4; also ist $N^* = Q_j$ für $j \in J$ primär.

<u>Folgerung 4.29:</u> Ein Untermodul $N = \bar{N} \subset M$ ist primär, wenn er keine eingebetteten Komponenten und Reg N zusammenhängend ist; insbesondere ist dann $N\mathcal{O}_z \subset M\mathcal{O}_z$ für $z \in \mathrm{Reg}\, N$ primär.
Ist speziell $R = R(G)$, so gilt auch die Umkehrung.

<u>Beweis:</u> Die Umkehrung gilt, weil $\mathrm{Var}\, \mathcal{Y}$ für Primideale $\mathcal{Y} \subset R(G)$ eine irreduzible analytische Menge ist.

<u>Folgerung 4.3o:</u> Für einen Untermodul $N \subset M$ sind folgende Aussagen äquivalent:

a) $N \subset M$ ist ein Primärmodul mit $N = \overline{N}$.

b) N hat keine eingebetteten Komponenten und es existiert eine zusammenhängende Teilmenge $G^* \subset \operatorname{Reg} N$, so daß $N = \{m \in M;\ m \in N\mathcal{O}_z\ \forall z \in G^*\}$.

c) $N \subset M$ hat keine eingebetteten Komponenten und für jeden Punkt $z \in \operatorname{Var} N$ gilt $N = \{m \in M;\ m \in N\mathcal{O}_z\}$.

Weiterhin erhalten wir als Folgerung eine hinreichende Bedingung dafür, daß der Erweiterungsmodul $\overline{QR'} \subset MR'$ eines Primärmoduls $Q \subset M$ bei analytischen Ringerweiterungen $R \subset R' \subset R(G')$ wieder primär ist.

<u>Satz 4.31:</u> Sei $R \subset R' \subset R(G')$ eine Ringerweiterung, die lokal I bezüglich einer offenen Steinschen Menge $G' \subset G$ erfüllt. Wenn $N \subset M$ ein R-Untermodul ohne eingebettete Komponenten und $\operatorname{Reg} N \cap G'$ zusammenhängend ist, ist der erweiterte Modul $\overline{NR'} \subset MR'$ primär.
Ist speziell $\mathfrak{a} \subset R = R(G)$ ein reduziertes Ideal mit zusammenhängendem $\operatorname{Reg} \mathfrak{a} \cap G'$, so ist $\overline{\mathfrak{a}R'} \subset R'$ ein Primideal.

<u>Beweis:</u> Da $\overline{NR'} \subset MR'$ nach 4.15 keine eingebetteten Komponenten hat und $\operatorname{Reg} \overline{NR'} = \operatorname{Reg} N \cap G'$ zusammenhängend ist, folgt die erste Behauptung aus 4.28. Die zweite Behauptung folgt aus der ersten, weil nach dem untenstehenden Lemma $\mathfrak{a}\mathcal{O}_z$ für alle $z \in G'$ reduziert ist und somit $\overline{\mathfrak{a}R'}$ reduziert ist.

<u>Lemma 4.32:</u> Ist für $\mathfrak{a} \subset R = R(G)$ die Lokalisation $\mathfrak{a}R_{z_o} \subset R_{z_o}$ für ein $z_o \in G$ reduziert, so ist auch $\mathfrak{a}\mathcal{O}_{z_o} \subset \mathcal{O}_{z_o}$ reduziert.

<u>Beweis:</u> Sei $\operatorname{Rad}(\mathfrak{a}\mathcal{O})$ die Idealgarbe, die in jedem Punkt $z \in G$ die

Faser Rad $\mathfrak{a}\mathcal{O}_z$ hat. Bekanntlich ist diese Idealgarbe kohärent. Somit gibt es nach Theorem A ein Ideal $\mathfrak{b} \subset R$, das diese Garbe erzeugt. Dann existiert ein $n \in \mathbb{N}$ mit $\mathfrak{b}^n \mathcal{O}_{z_o} \subset \mathfrak{a}\mathcal{O}_{z_o}$; folglich gilt nach 1.11 $\mathfrak{b}^n R_{z_o} \subset \mathfrak{a} R_{z_o}$. Da $\mathfrak{a} R_{z_o}$ reduziert ist, gilt dann $\mathfrak{b} R_{z_o} \subset \mathfrak{a} R_{z_o}$, also $\mathfrak{b} R_{z_o} = \mathfrak{a} R_{z_o}$. Somit ist $\mathfrak{a}\mathcal{O}_{z_o} = \mathfrak{b}\mathcal{O}_{z_o} \subset \mathcal{O}_{z_o}$ reduziert.

Wenn in 4.31 der Steinsche Raum $G' = G - A$ das Komplement einer analytischen Menge $A \subset G$ ist, so bleibt die Erweiterung $\overline{QR'} \subset MR'$ eines Primärmoduls $Q \subset M$ primär:

<u>Korollar 4.33:</u> Sei G' von der Form $G' = G - A$ für eine analytische Menge $A \subset G$. Für alle Ringe $R = R(G) \subset R' \subset R(G')$, die lokal I bezüglich G' erfüllen, gilt:
Ist $Q \subset M$ ein primärer R-Untermodul, so ist $\overline{QR'} \subset MR'$ primär.
Ist $\mathfrak{p} \subset R$ prim, so ist auch $\overline{\mathfrak{p} R'} \subset R'$ prim.

<u>Beweis:</u> Nach 4.29 ist $\operatorname{Reg} Q \subset G$ zusammenhängend. Dann ist auch $\operatorname{Reg} \overline{QR'} = \operatorname{Reg} Q \cap G' = \operatorname{Reg} Q - (\operatorname{Reg} Q \cap A)$ zusammenhängend. Mit 4.31 folgt dann die Behauptung.

Ist z.B. G ein Steinscher Raum und $G' = G - \operatorname{Var} f$ für eine globale Funktion $f \in R(G)$, so ist für jedes primäre (bzw. prime) Ideal $\mathfrak{p} \subset R(G)$ auch $\overline{\mathfrak{p} R(G')} \subset R(G')$ primär (bzw. prim).
Insbesondere haben wir in 4.31 gesehen, daß für einen Primärmodul $Q \subset M$ der Erweiterungsmodul $\overline{QR'} \subset MR'$ wieder primär ist, wenn $\operatorname{Reg} Q \cap G' = \operatorname{Reg} \overline{QR'}$ zusammenhängend ist. Wenn diese Bedingung jedoch nicht erfüllt ist, so wissen wir nach 4.29 nur im Fall

$R' = R(G')$, daß $\overline{QR'} \subset MR'$ nicht primär ist; für beliebige Ringe R' können wir keine Aussage machen. Jedoch kann man in jedem Fall mittels 4.28 leicht eine kanonische Primärzerlegung von $\overline{QR'} \subset MR'$ angeben. Allgemeiner kann man sogar zu jeder kanonischen Primärzerlegung eines Untermoduls $N \subset M$ eine kanonische Primärzerlegung des Erweiterungsmoduls $\overline{NR'} \subset MR'$ angeben:

<u>Satz 4.34:</u> Sei $R \subset R' \subset R(G')$ eine Ringerweiterung, die lokal I bezüglich einer offenen Steinschen Menge $G' \subset G$ erfüllt. In R' seien alle speziellen Idealverteilungen $\{(K_i, R'f_i);\ i \in \mathbb{N}\}$ mit $K_i \subset K_{i+1} \subset G'$ und $R'f_i \supset R'f_{i+1}$ lösbar. Ist $N = \bigcap_{i \in I} Q_i \subset M$ eine kanonische lokalendliche Primärzerlegung eines Untermoduls $N \subset M$, so ist

$$\overline{NR'} = \bigcap_{i \in I} \bigcap_{j \in J_i}{}' \, Q(Z_{ij}) \subset MR'$$

eine kanonische lokalendliche Primärzerlegung von $\overline{NR'}$. Dabei bedeuten $\{Z_{ij};\ j \in J_i\}$ die Zusammenhangskomponenten von $\operatorname{Reg} Q_i \cap G'$ und es ist $Q(Z_{ij}) := \{m \in MR';\ m \in Q_i \mathcal{O}_z \ \forall\, z \in Z_{ij}\}$; der Strich beim Durchschnittszeichen soll dabei andeuten, daß im Durchschnitt gleiche Primärmoduln zusammenzufassen sind und solche $i \in I$ mit $\operatorname{Reg} Q_i \cap G' = \emptyset$ wegzulassen sind.

<u>Beweis:</u> Da für kanonische Zerlegungen $N = \bigcap_{i \in I} Q_i$ mittels 2.6 $\bigcap_{i \in I} Q_i \mathcal{O}_z = N\mathcal{O}_z$ gilt, ist offenbar $\bigcap_{i \in I} \overline{Q_i R'} = \overline{(\bigcap_{i \in I} Q_i) R'} = \overline{NR'}$.
Wir zeigen zunächst, daß $\overline{Q_i R'} = \bigcap_{j \in J_i}{}' \, Q(Z_{ij})$ eine kanonische lokalendliche Primärzerlegung ist: Da $\overline{Q_i R'}$ nach 4.15 keine eingebetteten Komponenten hat, ist $Q(Z_{ij}) \subset MR'$ nach 4.28 primär. Ferner hat $\overline{Q_i R'} = \bigcap_{k \in K} P_k$ aus demselben Grund nach 4.1o eine kanonische unverkürzbare lokalendliche Primärzerlegung mit $\operatorname{Var} P_{k_0} \not\subset \bigcup_{k \in K - \{k_0\}} \operatorname{Var} P_k$

und nach 4.4 eindeutig bestimmten P_k. Folglich ist $\mathrm{Var}\, P_k \cap \mathrm{Reg}\, \overline{Q_i R'} \neq \emptyset$. Ferner ist jedes z_{ij} in einem $\mathrm{Var}\, P_k \cap \mathrm{Reg}\overline{Q_i R'}$ enthalten; es ist dann $Q(z_{ij}) = P_k$, wie man leicht mit 1.17 folgern kann. Ebenso ist wegen $\mathrm{Var}\, P_k \cap \mathrm{Reg}\, \overline{Q_i R'} \neq \emptyset$ für alle $k \in K$ auch P_k gleich einem $Q(z_{ij})$. Also ist $\overline{Q_i R'} = \bigcap'_{j \in J_i} Q(z_{ij})$ eine kanonische, lokalendliche Primärzerlegung. Man sieht dann leicht ein, daß $\overline{NR'} = \bigcap_{i \in I} \bigcap'_{j \in J_i} Q(z_{ij})$ eine kanonische, lokalendliche Primärzerlegung ist.

Übrigens ist auch die Zerlegung $\overline{NR'} = \bigcap_{i \in I} \bigcap'_{j \in J_i} Q(z_{ij})$ unverkürzbar, wenn die Zerlegung $N = \bigcap_{i \in I} Q_i$ zusätzlich unverkürzbar war.

Wir wollen uns nun einem anderen Problem zuwenden, das im nächsten Paragraphen bei Fortsetzbarkeitsfragen für Idealgarben auftritt: Sei $z \in G$ und $\mathfrak{q} \subset \mathcal{O}_z$ ein Primärideal, dessen Radikal $\mathrm{Rad}\,\mathfrak{q}$ durch globale Funktionen erzeugt wird. Wir wollen nun untersuchen, ob $\mathfrak{q}$ dann auch durch globale Funktionen erzeugt wird, also ob $[\mathfrak{q} \cap R(G)]\, \mathcal{O}_z = \mathfrak{q}$ gilt. Die Voraussetzung, daß $\mathrm{Rad}\,\mathfrak{q}$ durch globale Funktionen erzeugt wird, bedeutet nichts anderes, als daß $\mathrm{Var}\,\mathfrak{q}$ Mengenkeim einer globalen analytischen Menge im Punkte z ist. Mit Hilfe des folgenden Satzes werden wir später in §5 zeigen können, daß sich das Fortsetzbarkeitsproblem für Idealgarben in bestimmten Fällen auf Fortsetzbarkeitsprobleme für analytische Mengen zurückführen läßt.

<u>Satz 4.35:</u> Sei G eine Steinsche Mannigfaltigkeit, $z_o \in G$ ein Punkt aus G und $\mathfrak{q} \subset \mathcal{O}_{z_o}$ ein Primärideal mit $\mathrm{ht}\,\mathfrak{q} \leq 1$ oder $\mathrm{cht}\,\mathfrak{q} \leq 1$. Es wird $\mathfrak{q}$ genau dann durch globale Funktionen erzeugt (d.h.:

$[\mathfrak{q} \cap R(G)]\,\mathcal{O}_{z_o} = \mathfrak{q})$, wenn $\mathrm{Var}\,\mathfrak{q} = (A)_{z_o}$ Keim einer globalen analytischen Menge A ist.

Beweis: Nach Theorem A ist $A = \mathrm{Var}\,\mathfrak{p}$ für ein Ideal $\mathfrak{p} \subset R(G)$. Man kann o.E. $\mathfrak{p}$ als reduziert annehmen. Nach dem lokalen Hilbertschen Nullstellensatz und 4.32 gilt dann $\mathfrak{p}\mathcal{O}_{z_o} = \mathrm{Rad}\,\mathfrak{q}$; o.E. ist also $\mathfrak{p} := (\mathrm{Rad}\,\mathfrak{q}) \cap R(G)$ ein Primideal in $R(G)$.
Im Falle $\mathrm{ht}\,\mathfrak{q} = 1$ ist $\mathfrak{p}\mathcal{O}_{z_o} = \mathrm{Rad}\,\mathfrak{q}$ ein primes Hauptideal, da $\mathcal{O}_{z_o}$ faktoriell ist. Da $\mathcal{O}_{z_o}$ lokal ist, gibt es ein $g \in \mathfrak{p}$ mit $g\mathcal{O}_{z_o} = \mathfrak{p}\mathcal{O}_{z_o}$. Dann ist $\mathfrak{q} = g^n\mathcal{O}_{z_o}$ für ein $n \in \mathbb{N}$. Im Fall $\mathrm{cht}\,\mathfrak{q} = 0$ ist $\mathfrak{p}$ das maximale Ideal der in z_o verschwindenden Funktionen; dann ist bekanntlich $\mathfrak{q}$ nach Theorem A durch globale Funktionen erzeugbar. Im Fall $\mathrm{ht}\,\mathfrak{q} = 0$ ist $\mathfrak{q} = 0$.
Es bleibt also noch der Fall $\mathrm{cht}\,\mathfrak{q} = 1$ zu beweisen. Dazu zeigen wir zunächst, daß man o.E. $z_o \in \mathrm{Var}\,\mathfrak{p}$ als regulären Punkt der Menge $\mathrm{Var}\,\mathfrak{p}$ annehmen kann:
Da $\mathfrak{p}\mathcal{O}_{z_o}$ ein Primideal ist, kann man eine offene relativ kompakte Steinsche Umgebung U von z_o finden, so daß $\mathrm{Reg}\,\mathfrak{p} \cap U$ zusammenhängend ist und $(\mathfrak{q} \cap R(U))\,\mathcal{O}_{z_o} = \mathfrak{q}$ gilt. Nach 4.31 ist dann $[\mathfrak{q} \cap R(G)]\,R(U)$ in $R(U)$ primär zum Radikal $\mathfrak{p}R(U)$. Da $\mathrm{Reg}\,\mathfrak{p}$ in $\mathrm{Var}\,\mathfrak{p}$ dicht liegt, existiert ein Punkt $z \in \mathrm{Reg}\,\mathfrak{p} \cap U$. Dann ist $\mathfrak{p}\mathcal{O}_z \subset \mathcal{O}_z$ ein Primideal, weil $\mathfrak{p}\mathcal{O}_z$ nach 4.32 reduziert ist. Folglich ist $[\mathfrak{q} \cap R(U)]\,\mathcal{O}_z \subset \mathcal{O}_z$ nach 4.11 zu $\mathfrak{p}\mathcal{O}_z$ primär. Weiter ist noch nach 4.17 und 4.2o b) die Cohöhe $\mathrm{cht}\,\mathfrak{p} = \mathrm{cht}\,\mathfrak{p}\mathcal{O}_{z_o} = 1$; dann folgt wieder mit 4.17 auch $\mathrm{cht}\,\mathfrak{p}\mathcal{O}_z = 1$. Ist nun $[\mathfrak{q} \cap R(U)]\,\mathcal{O}_z$ durch globale Funktionen erzeugbar, so gilt $[\mathfrak{q} \cap R(U)]\,\mathcal{O}_z = [\mathfrak{q} \cap R(G)]\,R(U)\,\mathcal{O}_z$. Nun sind aber $[\mathfrak{q} \cap R(G)]\,R(U)$ und $\mathfrak{q} \cap R(U)$ in $R(U)$ primär; also gilt nach 1.17 $\mathfrak{q} \cap R(U) = [\mathfrak{q} \cap R(G)]\,R(U)$. Folglich ist $\mathfrak{q} = [\mathfrak{q} \cap R(G)]\,\mathcal{O}_{z_o}$. Somit

können wir o.E. annehmen, daß $\mathfrak{p}\mathcal{O}_{z_o}$ ein Primideal mit cht $\mathfrak{p}\mathcal{O}_{z_o} = 1$ und regulärem Mengenkeim Var $\mathfrak{p}\mathcal{O}_{z_o}$ ist. Es ist also $\mathcal{O}_{z_o}/\mathfrak{p}\mathcal{O}_{z_o}$ regulär; mit 1.11 und 1.22 folgt dann auch, daß $(R(G))_{z_o}/\mathfrak{p}(R(G))_{z_o}$ regulärer Ring ist. Setzen wir $n: = \dim G$, so existieren somit Funktionen $z_1,\dots,z_{n-1} \in \mathfrak{p}$, $z_n \in R(G)$, so daß $\{z_1,\dots,z_n\}$ lokale Koordinaten in z_o sind und $(z_1,\dots,z_{n-1})\mathcal{O}_{z_o} = \mathfrak{p}\,\mathcal{O}_{z_o}$ gilt. Ist nun $\{f_1,\dots,f_r\} \subset \mathcal{O}_{z_o}$ ein Erzeugendensystem von $\mathfrak{q}$, so kann man o.E. annehmen, daß alle f_i regulär in z_n sind; also hat man für jedes f_i nach dem Weierstraßschen Vorbereitungssatz eine Darstellung

$$f_i = e_i\left[g_o^i(z_1,\dots,z_{n-1})z_n^o + \dots + g_{b_i}^i(z_1,\dots,z_{n-1})z_n^{b_i}\right]$$

wobei $e \in \mathcal{O}_{z_o}^{x}$ und $g_k^i(z_1,\dots,z_{n-1})$ in einer Umgebung von z_o holomorph sind. Da nun $\mathfrak{q}$ zu $\mathfrak{p}\mathcal{O}_{z_o}$ primär ist, gibt es ein $m \in \mathbb{N}$ mit $\mathfrak{p}^m\mathcal{O}_{z_o} \subset \mathfrak{q}$. Dann existiert zu jedem f_i ein Polynom $G_i \in \mathbb{C}[z_1,\dots,z_{n-1}][z_n]$, so daß $f_i e_i^{-1} - G_i \in (z_1,\dots,z_{n-1})^m\mathcal{O}_{z_o} \subset \mathfrak{q}$ ist. Da jedes $f_i \in \mathfrak{q}$ ist, gilt $G_i \in \mathfrak{q}$. Somit ist $f_i \in ((z_1,\dots,z_{n-1})^m, G_i)\mathcal{O}_{z_o} \subset \mathfrak{q}\,\mathcal{O}_{z_o}$. Da jedes G_i als Polynom in globalen Funktionen auch eine globale Funktion ist, gilt

$\mathfrak{q} = (f_1,\dots,f_r)\mathcal{O}_{z_o} = (\mathfrak{q} \cap R(G))\mathcal{O}_{z_o}$.

<u>Korollar 4.36:</u> Ist G eine Steinsche Mannigfaltigkeit der Dimension $\dim G \leq 3$, so ist ein Primärideal $\mathfrak{q} \subset \mathcal{O}_{z_o}$ genau dann durch globale Funktionen erzeugbar, wenn Var $\mathfrak{q}$ Keim einer globalen analytischen Menge ist.

Aus diesem Korollar folgt später, daß man Fortsetzbarkeitsprobleme für Idealgarben im 3-dimensionalen Fall auf Fortsetzbarkeitsprobleme für analytische Mengen zurückführen kann. Im folgenden Satz zeigen wir nun, daß eine solche Reduktion schon im 4-dimensionalen Fall nicht mehr möglich ist.

Gegenbeispiel 4.37: Ist $(G,\mathcal{O}) = \mathbb{C}^4$, so gibt es in $\mathcal{O}_{4,0}$ Primärideale $\mathfrak{q} \subset \mathcal{O}_0$, deren Radikale $\text{Rad}\,\mathfrak{q}$ zwar durch globale Funktionen erzeugbar sind, die selbst jedoch nicht durch globale Funktionen erzeugt werden können.

Beweis: Sei $g(z_3,z_4) \in \mathcal{O}_{2,0}$ eine beliebige im Nullpunkt holomorphe Funktion von zwei Variablen.

Nun sei $\mathfrak{q} \subset \mathcal{O}_{4,0}$ folgendes Ideal:

$$\mathfrak{q} := (z_1^2, z_2^2, z_1 z_2, z_1 + z_2 g(z_3,z_4))\,\mathcal{O}_{4,0}$$

Setzt man $z' = z_1 + z_2 g(z_3,z_4)$, so gilt $\mathfrak{q} = (z_2^2, z')\,\mathcal{O}_{4,0}$. Offenbar ist $\mathfrak{q}$ zu $\mathfrak{p} = (z',z_2)\,\mathcal{O}_{4,0} = (z_1,z_2)\,\mathcal{O}_{4,0}$ primär. Das Radikal von $\text{Rad}\,\mathfrak{q} = \mathfrak{p}$ wird also von globalen Funktionen erzeugt. Wenn nun auch $\mathfrak{q}$ durch globale Funktionen erzeugbar wäre, so gäbe es $a_1,\dots,a_r \in R(\mathbb{C}^4)$ mit $\mathfrak{q} = (a_1,\dots,a_r)\,\mathcal{O}_{4,0}$. Dann hat a_i eine Darstellung $a_i = o_i z' + r_i$, wobei $r_i \in (z_1^2,z_2^2,z_1z_2)\,\mathcal{O}_{4,0}$ und $o_i \in \mathcal{O}_{4,0}$ ist. Nach dem Lemma von Nakayama kann nicht jedes o_i im Nullpunkt verschwinden. Also hat o.E. a_1 eine Darstellung

$h := a_1 = ez' + r$ mit $e \in \mathcal{O}^{\times}_{4,0}$, $r \in (z_1^2,z_2^2,z_1z_2)\,\mathcal{O}_{4,0}$.

Betrachte nun die Potenzreihenentwicklungen von h und e nach z_1,z_2:

$h = \sum_{i,j} h_{ij}(z_3,z_4) z_1^i z_2^j$; $e = \sum_{i,j} e_{ij}(z_3,z_4) z_1^i z_2^j$.

Da nun $h = e(z_1 + z_2 g(z_3,z_4)) + r$ gilt, erhält man durch Koeffizientenvergleich $h_{01}(z_3,z_4) = e_{00}(z_3,z_4) g(z_3,z_4)$. Wegen $h \in R(\mathbb{C}^4)$ sind alle $h_{ij}(z_3,z_4) \in R(\mathbb{C}^2)$; wegen $e \in \mathcal{O}^{\times}_{4,0}$ gilt $e_{00}(z_3,z_4) \in \mathcal{O}^{\times}_{2,0}$. Unter der Annahme, daß die Behauptung von 4.37 falsch ist, haben wir nun gezeigt, daß das Nullstellenverhalten jeder lokal holomorphen Funktion $g \in \mathcal{O}_{2,0}$ in zwei Variablen lokal durch globale Funktionen $h \in R(\mathbb{C}^2)$ beschrieben werden kann. Da das im zweidimensionalen Fall bekanntlich nicht richtig ist (dies folgt z.B. mit Satz 5. 45), erhalten wir so einen Widerspruch.

§ 5 Fortsetzungssätze für Untergarben

Ausgangspunkt für die Untersuchungen in diesem Paragraphen sind folgende zwei Fragestellungen; dabei sei $A \subset \mathbb{C}^n$ eine beliebige analytische Teilmenge:

Beispiel 5: Sei $\mathcal{J}' \subset \mathcal{O}|\mathbb{C}^n - A$ eine kohärente Idealgarbe, deren Halme $\mathcal{J}'_z$ für jedes $z \in \mathbb{C}^n - A$ durch Polynome erzeugbar sind. Wenn nun eine Idealgarbe $\mathcal{J} \subset \mathcal{O}|\mathbb{C}^n$ existiert, die $\mathcal{J}'$ fortsetzt (für die also $\mathcal{J}|\mathbb{C}^n - A = \mathcal{J}'$ gilt), gibt es dann auch eine Idealgarbe, die $\mathcal{J}'$ fortsetzt und deren Halme gleichzeitig für alle $z \in \mathbb{C}^n$ durch Polynome erzeugbar sind?

Beispiel 6: Sei $S' \subset \mathbb{C}^n - A$ eine analytische Menge, die lokal durch Polynome definiert werden kann. Wenn S' als analytische Menge nach $\mathbb{C}^n$ fortgesetzt werden kann, gibt es dann auch eine analytische Menge $S \subset \mathbb{C}^n$, die lokal durch Polynome beschrieben werden kann und S' fortsetzt?

Diese beiden Fortsetzungsprobleme werden wir allgemeiner für M-kohärente Garben und R-analytische Mengen behandeln. Als weiteres wichtiges Resultat werden wir Fortsetzungssätze für gewöhnliche kohärente Untergarben erhalten. In diesem Paragraphen machen wir stets folgende

Voraussetzungen: $(G, \mathcal{O})$ sei ein komplexer Steinscher Raum. $R \subset R(G)$ sei ein dichter Unterring im Sinne von 1.4, $\mathcal{M}$ eine kohärente Garbe auf G und $M \subset \Gamma(G, \mathcal{M})$ ein analytischer R-Modul, der lokal I bezüglich G erfüllt. Ferner seien R_z für alle $z \in G$ Faktorringe von Cohen-Macaulay-

Ringen (vgl. § 4). A bezeichne eine beliebige abgeschlossene Teilmenge von G und es werde G' = G-A gesetzt.

A) Relative Lückengarben

In diesem einleitenden Paragraphen wollen wir zunächst einige Begriffe definieren, die mit der Fortsetzbarkeit von kohärenten Untergarben zusammenhängen. Im Anschluß daran werden wir untersuchen, wann Fortsetzbarkeit von Untergarben ein lokales Problem ist, unter welchen hinreichenden Bedingungen für A also jede kohärente Untergarbe $\mathcal{N}' \subset \mathcal{M}|G'$, die lokal nach G fortsetzbar ist, als kohärente Untergarbe von $\mathcal{M}$ (global) nach G fortsetzbar ist.

Definition 5.1: Sei $\mathcal{N}' \subset \mathcal{M}|G'$ eine kohärente Untergarbe auf G'=G-A.

a) $\mathcal{N}'$ heißt lokal nach G fortsetzbar, wenn es zu jedem $z \in G$ eine Umgebung U von z und eine auf U kohärente Untergarbe $\mathcal{N}(U) \subset \mathcal{M}|U$ gibt, so daß $\mathcal{N}(U)|U \cap G' = \mathcal{N}'|U \cap G'$ gilt.

b) $\mathcal{N}'$ heißt nach G (global) fortsetzbar, wenn es eine kohärente Untergarbe $\mathcal{N} \subset \mathcal{M}$ gibt, so daß $\mathcal{N}|G' = \mathcal{N}'$ gilt.

Es ist sehr einfach, beliebige Ausnahmemengen $A \subset G$ und kohärente Idealgarben $\mathcal{J}' \subset \mathcal{O}|G'$ anzugeben, die zwar lokal fortsetzbar, aber nicht global als kohärente Idealgarbe fortsetzbar sind. Sogar bei dünnen und relativ guten Ausnahmemengen braucht globale Fortsetzbarkeit von Untergarben kein lokales Problem zu sein: Sei $A = \{(z_1, z_2) \in \mathbb{C}^2;\ z_1 = 0\ \frac{1}{2} \leq |z_2| \leq 1\}$, $G = \mathbb{C}^2$, $G' = G-A$. Ist $\mathcal{J}'_z = z_1 \mathcal{O}_z$ für $z \in G'$ mit $|z_2| > \frac{1}{2}$ und $\mathcal{J}'_z = \mathcal{O}_z$ für $z \in G'$ mit $|z_2| \leq \frac{1}{2}$, so ist $\mathcal{J}' \subset \mathcal{O}|G'$ eine kohärente

Idealgarbe, die lokal nach G fortsetzbar ist. $\mathcal{J}'$ ist aber nicht global als kohärente Idealgarbe nach G fortsetzbar, da für jede Fortsetzung $\mathcal{J}$ von $\mathcal{J}'$ nach G offenbar $\mathcal{J} \subset z_1\mathcal{O}$ gelten müßte.
Man kann übrigens auch leicht Mengen $G' \subset G$ und Garben $\mathcal{N}' \subset \mathcal{M}|G'$ konstruieren, so daß für jede relativ kompakte Menge $U \subset G$ eine Untergarbe $\mathcal{N}(U) \subset \mathcal{M}|U$ mit $\mathcal{N}(U)|U \cap G' = \mathcal{N}'|U \cap G'$ existiert, die Garbe $\mathcal{N}'$ aber nicht global fortsetzbar ist. Bei analytischen Ausnahmemengen A jedoch ist Fortsetzbarkeit von kohärenten Untergarben ein lokales Problem. Dies wird im folgenden in einem allgemeineren Zusammenhang gezeigt. Dazu führen wir zunächst die relativen Lückengarben (gap-sheaf) ein:

<u>Definition 5.2:</u> Sei $\mathcal{N} \subset \mathcal{M}$ eine kohärente Untergarbe auf G. Unter der relativen Lückengarbe $\mathcal{N}[A]$ von $\mathcal{N}$ in $\mathcal{M}$ zur Ausnahmemenge A verstehen wir folgende Untergarbe: Für eine offene Menge $U \subset G$ sei

$$\Gamma(U, \mathcal{N}[A]) := \{ s \in \Gamma(U, \mathcal{M});\ s_z \in \mathcal{N}_z \text{ für alle } z \in U-A \}$$

Die Definition von $\mathcal{N}[A]$ hängt also nur von dem Wert von $\mathcal{N}|G'$ ab, folglich kann man rein formal die Lückengarbe auch für Untergarben $\mathcal{N}' \subset \mathcal{M}|G'$ definieren. Wenn $\mathcal{N}$ kohärent ist, so braucht bei beliebigen Ausnahmemengen A $\mathcal{N}[A]$ nicht notwendig wieder kohärent sein. Wir werden nun eine hinreichende und notwendige Bedingung für A angeben, daß für jede kohärente Untergarbe $\mathcal{N} \subset \mathcal{M}$ $\mathcal{N}[A]$ wieder kohärent ist.

<u>Satz 5.3:</u> Folgende Aussagen sind für eine abgeschlossene Menge $A \subset G$ äquivalent:

a) Für jede kohärente Untergarbe $\mathcal{N} \subset \mathcal{M}$ auf G ist die relative Lückengarbe $\mathcal{N}[A] \subset \mathcal{M}$ kohärent.

b) Für jede in G irreduzible analytische Menge $S \subset \mathrm{Tr}\,\mathcal{M}$ folgt aus $\emptyset \neq S \cap V \subset A \cap V$ für eine offene Menge $V \subset G$ schon $S \subset A$.

Beweis: a)$\longrightarrow$b): Sei $\mathcal{J} \subset \mathcal{O}$ die zu S assoziierte kohärente reduzierte Idealgarbe. Dann ist $\mathrm{Tr}(\mathcal{M}/\mathcal{J}\mathcal{M}) = S$ und $\mathcal{J}\mathcal{M} \subset \mathcal{M}$ eine kohärente Untergarbe. Nach a) ist $\mathcal{J}\mathcal{M}[A]$ kohärent und aufgrund der Voraussetzung $\emptyset \neq S \cap V \subset A \cap V$ folgt $\mathrm{Tr}(\mathcal{M}/\mathcal{J}\mathcal{M}[A]) \subsetneq S$. Wäre nun $S \cap G' \neq \emptyset$, so wären wegen G' offen der Mengenkeim von S und der von $\mathrm{Tr}(\mathcal{M}/\mathcal{J}\mathcal{M}[A])$ in einem Punkt aus G' gleich. Das ist aber ein Widerspruch, da $S \subset G$ irreduzibel ist.

b)$\longrightarrow$a): Sei $\mathcal{N} \subset \mathcal{M}$ eine kohärente Untergarbe. Nach 4.1o hat $N := \Gamma(G,\mathcal{N}) \subset M := \Gamma(G,\mathcal{M})$ eine kanonische lokalendliche Primärzerlegung $N = \bigcap_{i \in I} Q_i$. Sei nun $J := \{ i \in I;\ \mathrm{Var}\, Q_i \cap G' \neq \emptyset \}$ und $N_A := \bigcap_{i \in J} Q_i$. Dann behaupten wir, daß $\mathcal{N}[A] = \mathcal{O} N_A$ gilt:

Es genügt zu zeigen, daß für jeden relativ kompakten Steinschen Raum $V \subset G$ $\Gamma(V,\mathcal{N}[A]) = R(V)N_A$ gilt. Da V relativ kompakt und Steinsch ist, gilt $R(V)M = \Gamma(V,\mathcal{M})$ und $R(V)N = \Gamma(V,\mathcal{N})$. Nach 4.34 ist $R(V)N = \bigcap_{i \in I} \bigcap'_{j \in I_i} Q(Z_{ij})$ eine kanonische lokalendliche Primärzerlegung, wobei $\{Z_{ij};\ j \in I_i\}$ die Zusammenhangskomponenten von $\mathrm{Reg}\, Q_i \cap V$ bedeuten und $Q(Z_{ij}) = \{ m \in R(V)M;\ m \in Q_i \mathcal{O}_z \text{ für alle } z \in Z_{ij}\}$ ist; der Strich beim Durchschnittszeichen soll dabei andeuten, daß im Durchschnitt gleiche Primärmoduln zusammenzufassen sind und solche $i \in I$ mit $\mathrm{Var}\, Q_i \cap V = \emptyset$ wegzulassen sind. Mit 1.17 sieht man sofort, daß nach Definition von $\mathcal{N}[A]$ $\Gamma(V,\mathcal{N}[A]) = \left(\bigcap_{i \in I} \bigcap'_{j \in I_i} Q(Z_{ij})\right)^*$ gilt, wobei "$*$" andeuten soll, daß alle $Q(Z_{ij})$ mit $\mathrm{Var}\, Q(Z_{ij}) \subset A$ wegzulassen sind.

Sei nun $i \in J$ und $j \in I_i$, so daß Var $Q(Z_{ij}) \neq \emptyset$ ist. Wenn Var $Q(Z_{ij}) \subset A$ wäre, gäbe es eine offene Menge $U \subset V$ mit $\emptyset \neq$ Var $Q(Z_{ij}) \cap U \subset A \cap U$, so daß gleichzeitig Var $Q(Z_{ij}) \cap U =$ $=$ Var $Q_i \cap U$ wäre (da Var $Q(Z_{ij})$ eine in V irreduzible Komponente von Var $Q_i \cap V$ ist). Aufgrund der Voraussetzung in b) folgte aus $\emptyset \neq$ $\neq$ Var $Q_i \cap U \subset A \cap U$, daß Var $Q_i \subset A$ wäre im Gegensatz zur Definition von J. Somit ist $(\bigcap_{i \in I} \bigcap_{j \in I_i}' Q(Z_{ij}))^* = \bigcap_{i \in J} \bigcap_{j \in I_i}' Q(Z_{ij})$ und damit $\Gamma(V, \mathcal{N}[A]) = R(V)N_A$. Also ist $\mathcal{N}[A]$ kohärent.

Diesen Satz kann man sehr leicht für beliebige analytische Räume X verallgemeinern:

<u>Folgerung 5.4:</u> Sei X ein komplexer Raum, $\mathcal{M}$ eine kohärente Garbe auf X. Folgende Aussagen sind für eine abgeschlossene Teilmenge $A \subset X$ äquivalent:

a) Für jede offene Menge $U \subset X$ und jede kohärente Untergarbe $\mathcal{N} \subset \mathcal{M}|U$ ist die relative Lückengarbe $\mathcal{N}[U \cap A] \subset \mathcal{M}|U$ kohärent.

b) Für jede offene Menge $U \subset X$ und jede in U irreduzible analytische Menge $S \subset \mathrm{Tr}\,\mathcal{M} \cap U$ folgt aus $\emptyset \neq S \cap V \subset A \cap V$ für eine offene Menge $V \subset U$ schon $S \subset A$.

<u>Beweis:</u> a)$\longrightarrow$b) analog zu 5.3.

b)$\longrightarrow$a) Da Kohärenz eine lokale Eigenschaft ist, folgt die Behauptung aus 5.3.

Die Bedingung b) aus 5.4 ist z.B. erfüllt, wenn $A \subset X$ eine analytische Menge ist. Die Klasse der Ausnahmemengen A mit dieser Bedingung ist jedoch noch wesentlich größer:

<u>Lemma 5.5:</u> Ist X ein komplexer Raum und $A \subset X$ eine abgeschlossene Teilmenge, deren Zusammenhangskomponenten reellanalytische Mengen sind, so gelten die äquivalenten Bedingungen aus 5.4 für A.

<u>Beweis:</u> Ist $U \subset X$ offen, $S \subset U \cap \operatorname{Tr} \mathcal{M}$ eine irreduzible analytische Menge, und gilt für eine offene Menge $V \subset U$ $\emptyset \neq S \cap V \subset A \cap V$, so gilt für den regulären Ort $\emptyset \neq \operatorname{Reg} S \cap V \subset A \cap V$. Da Reg S eine zusammenhängende reellanalytische Mannigfaltigkeit ist und die Zusammenhangskomponenten von A reellanalytisch sind, folgt aus $\emptyset \neq (A \cap \operatorname{Reg} S) \cap V = \operatorname{Reg} S \cap V$ schon $A \cap \operatorname{Reg} S = \operatorname{Reg} S$ und somit $A \supset S$.

Wir wollen nun zum Ausgangsproblem zurückkehren. Im folgenden Satz zeigen wir, daß Fortsetzbarkeit von kohärenten Untergarben ein lokales Problem ist, wenn die Bedingungen aus 5.4 für A erfüllt sind.

<u>Satz 5.6:</u> Sei X ein komplexer Raum, $\mathcal{M}$ eine kohärente Garbe auf X. Sind für eine abgeschlossene Menge $A \subset X$ die äquivalenten Bedingungen a) und b) aus 5.4 erfüllt, so ist für $X' = X - A$ die Fortsetzbarkeit von kohärenten Untergarben $\mathcal{N}' \subset \mathcal{M}|X'$ ein lokales Problem.

<u>Beweis:</u> Rein formal kann man für $\mathcal{N}' \subset \mathcal{M}|X'$ die Lückengarbe $\mathcal{N}'[A]$ definieren. Es genügt nun zu zeigen, daß $\mathcal{N}'[A]$ kohärent ist. Für jede lokale Fortsetzung $\mathcal{N}(U)$ von $\mathcal{N}'$ ist $\mathcal{N}(U)[A \cap U]$ nach 5.4 a) kohärent. Dann ist auch $\mathcal{N}'[A]$ kohärent, da Kohärenz eine lokale Eigenschaft ist und da $\mathcal{N}'[A]|U = \mathcal{N}(U)[A \cap U]$ gilt.

<u>Folgerung 5.7:</u> Ist X ein komplexer Raum und $A \subset X$ eine abgeschlossene Teilmenge, deren Zusammenhangskomponenten reellanalytische Mengen sind,

so ist für jede kohärente Garbe $\mathcal{M}$ auf X die Fortsetzbarkeit von kohärenten Untergarben $\mathcal{N}' \subset \mathcal{M}|X'$ ein lokales Problem.

Wir wollen hierzu noch bemerken, daß die Bedingungen a) und b) aus 5.4 nicht notwendig dafür sind, daß Fortsetzbarkeit von Untergarben stets ein lokales Problem ist. Den interessierten Leser wollen wir noch darauf hinweisen, daß man mittels Satz 4.13 auch leicht die Kohärenz der relativen Lückengarben n-ter Stufe zeigen kann.

B) Fortsetzungssätze für M-kohärente Garben und für R-analytische Mengen

In diesem Absatz wollen wir nun die eingangs angeführten Fortsetzungsprobleme für M-kohärente Garben und R-analytische Mengen bei beliebigen Ausnahmemengen $A \subset G$ behandeln. Im folgenden heißt eine M-kohärente Garbe $\mathcal{N}' \subset \mathcal{M}|G'$ als M-kohärente Garbe nach G fortsetzbar, wenn es eine M-kohärente Garbe $\mathcal{N} \subset \mathcal{M}$ auf G mit $\mathcal{N}|G' = \mathcal{N}'$ gibt; die M-kohärente Garbe $\mathcal{N}' \subset \mathcal{M}|G'$ heißt lokal als M-kohärente Garbe nach G fortsetzbar, wenn es zu jedem $z \in G$ eine Umgebung U von z und eine auf U gegebene M-kohärente Garbe $\mathcal{N}(U) \subset \mathcal{M}|U$ mit $\mathcal{N}(U)|U \cap G' = \mathcal{N}'|U \cap G'$ gibt. Eine R-analytische Menge $S' \subset G'$ heißt als R-analytische Menge nach G fortsetzbar, wenn es eine R-analytische Menge $S \subset G$ mit $S \cap G' = S'$ gibt.

In Folgerung 5.7 hatten wir gesehen, daß Fortsetzbarkeit für gewöhnliche kohärente Garben bei analytischen Ausnahmemengen $A \subset G$ ein lokales Problem ist; der Grund dafür ist, daß eben für jedes Primideal

$\mathfrak{q} \subset R(G)$ mit $\operatorname{Var}\mathfrak{q} \neq \emptyset$ und $\operatorname{Var}\mathfrak{q} \not\subset A$ auch jeder Mengenkeim $(\operatorname{Var}\mathfrak{q})_z \not\subset (A)_z$ für jedes $z \in \operatorname{Var}\mathfrak{q}$ ist. Diese Aussage ist aber bei Unterringen R für Primideale $\mathfrak{q} \subset R$ und analytische Mengen A trivialerweise nicht mehr richtig: Sei etwa $\mathfrak{q} \subset R$ ein Primideal mit zusammenhängender Varietät $\operatorname{Var}\mathfrak{q}$, so daß $\operatorname{Var}\mathfrak{q} = S_1 \cup S_2 \cup S_3$ in drei irreduzible analytische Mengen mit $S_1 \cap S_3 = \emptyset$ zerfalle. Wenn etwa $A = S_2$ ist, so ist natürlich obige Bedingung nicht erfüllt. Weiter sei $\mathcal{N}'$ auf $G-S_2 = G'$ folgende Idealgarbe: Für $z \in S_3 \cap G'$ sei $\mathcal{N}'_z = \mathfrak{q}\mathcal{O}_z$, und für $z \in G'-S_3$ sei $\mathcal{N}'_z = \mathcal{O}_z$. Dann ist $\mathcal{N}'$ eine M-kohärente Garbe auf G', die als M-kohärente Garbe lokal fortsetzbar ist. $\mathcal{N}'$ ist aber nicht global als M-kohärente Garbe fortsetzbar (sonst müßte nach 2.1o auch $\mathcal{N}'_z \subset \mathfrak{q}\mathcal{O}_z$ für $z \in S_1$ gelten). Da die Ausnahmemenge analytisch ist, ist übrigens $\mathcal{N}'$ als kohärente Garbe fortsetzbar.

Bei R-analytischen Ausnahmemengen $A \subset G$ ist M-kohärente Fortsetzbarkeit jedoch ein lokales Problem. Dafür beweisen wir zuerst folgendes Lemma (dabei bezeichnen wir für eine analytische Menge S mit $(S)_z$ den Mengenkeim von S im Punkte z):

<u>Lemma 5.8:</u> Sei $S \subset G$ eine R-analytische Menge und $\mathfrak{q} \supset \operatorname{Ann} M$ ein Primideal in R. Dann ist $V := \{z \in \operatorname{Var}\mathfrak{q};\ (\operatorname{Var}\mathfrak{q})_z \not\subset (S)_z\} \subset \operatorname{Var}\mathfrak{q}$ eine offene Menge.

<u>Beweis:</u> Sei $z \in V$. Da S R-analytisch ist, existiert eine offene Umgebung U von z und ein Ideal $\mathfrak{a} \subset R$ mit $S \cap U = \operatorname{Var}\mathfrak{a} \cap U$. Wäre für ein $x \in U \cap \operatorname{Var}\mathfrak{q}$ $(\operatorname{Var}\mathfrak{q})_x \subset (S)_x$, so gäbe es nach dem lokalen Hilbertschen Nullstellensatz ein $n \in \mathbb{N}$ mit $\mathfrak{a}^n\mathcal{O}_x \subset \mathfrak{q}\mathcal{O}_x$. Da $R_x/R_x \operatorname{Ann}(MR_x)$ auch lokal I bezüglich $\{x\}$ erfüllt, wäre dann $\mathfrak{a}^n R_x \subset \mathfrak{q} R_x$, also auch $\mathfrak{a} \subset \mathfrak{q}$. Folglich wäre $\operatorname{Var}\mathfrak{q} \cap U \subset S \cap U$ und damit $(\operatorname{Var}\mathfrak{q})_z \subset (S)_z$ im Widerspruch zu $z \in V$.

Folgerung 5.9: Sei $S \subset G$ eine R-analytische Menge und $\mathfrak{q} \supset \mathrm{Ann}\, M$ ein Primideal in R. Wenn $S^* \subset \mathrm{Var}\,\mathfrak{q}$ eine Zusammenhangskomponente von $\mathrm{Var}\,\mathfrak{q}$ ist und $z \in S^*$ mit $(S^*)_z \subset (S)_z$ existiert, so gilt $S^* \subset S$.

Satz 5.1o: Sei $A \subset G$ eine R-analytische Menge und $\mathcal{N}' \subset \mathcal{M}|G'$ für $G' = G-A$ eine M-kohärente Garbe. Wenn $\mathcal{N}'$ lokal als M-kohärente Garbe nach G fortsetzbar ist, so ist $\mathcal{N}'$ auch global als M-kohärente Garbe nach G fortsetzbar.

Beweis: Wir werden eine Modulverteilung auf G konstruieren, so daß die dazu assoziierte M-kohärente Garbe $\mathcal{N}$ unsere Garbe $\mathcal{N}'$ fortsetzt: Sei $z \in G$. Da $\mathcal{N}'$ als M-kohärente Garbe nach G lokal fortsetzbar ist, gibt es eine Umgebung U von z und einen Modul $N \subset M$ mit $N\mathcal{O}_x = \mathcal{N}'_x$ für alle $x \in U \cap G'$. Ist nun $K \subset U$ eine kompakte Umgebung von z, so hat $NR_K = \bigcap_{i=1}^{r} Q_i R_K$ eine endliche Primärzerlegung mit Primärmoduln $Q_i \subset M$. Dann gibt es eine offene Umgebung $V(z) \subset K$ von z, so daß V(z) höchstens eine Zusammenhangskomponente von jedem $\mathrm{Var}\, Q_i$ trifft. Wir setzen nun $N(z) = {\bigcap_{i=1}^{r}}' Q_i$; dabei soll der Strich andeuten, daß der Durchschnitt nur diejenigen $1 \leq i \leq r$ mit $\mathrm{Var}\, Q_i \cap V(z) \cap G' \neq \emptyset$ betrifft. Dann ist $\{(N(z),\, V(z));\ z \in G\}$ eine Modulverteilung über G, so daß die dazu assoziierte Garbe $\mathcal{N}$ die Garbe $\mathcal{N}'$ fortsetzt:
Sei etwa $x \in V(z) \cap V(z^*)$, $N(z) = {\bigcap_{j=1}^{s}}' P_j$ und $N(z^*) = {\bigcap_{i=1}^{r}}' Q_i$. Wenn $x \in \mathrm{Var}\, P_j$ für ein j mit $\mathrm{Var}\, P_j \cap V(z) \cap G' \neq \emptyset$ ist, so gilt nach Konstruktion und Folgerung 5.9 $\mathrm{Var}\, P_j \cap V(z) \cap V(z^*) \cap G' \neq \emptyset$ (da andernfalls $(\mathrm{Var}\, P_j)_x \subsetneq (A)_x$ wäre, woraus mit 5.9 $\mathrm{Var}\, P_j \cap V(z) \subset A$ folgte). Sei nun $y \in \mathrm{Var}\, P_j \cap V(z) \cap V(z^*) \cap G'$. Dann gilt $P_j \mathcal{O}_y \supset N(z)\mathcal{O}_y = \mathcal{N}'_y = N(z^*)\mathcal{O}_y$. Nach 1.17 ist dann $P_j \supset N(z^*)$. Da dieses für alle j gilt, ist $N(z)\mathcal{O}_x \supset N(z^*)\mathcal{O}_x$. Da der Beweis symmetrisch ist, gilt also $N(z)\mathcal{O}_x = N(z^*)\mathcal{O}_x$. Damit ist die Behauptung bewiesen.

Hiermit ist das Problem, wann Fortsetzbarkeit als M-kohärente Garbe ein lokales Problem ist, im wesentlichen behandelt. Im folgenden werden wir nun hinreichende und notwendige Bedingungen dafür herleiten, daß eine M-kohärente Garbe $\mathcal{N}' \subset \mathcal{M}|G'$ auf dem Komplement $G' = G-A$ einer beliebigen abgeschlossenen Menge $A \subset G$ als M-kohärente Garbe nach G fortsetzbar ist. Da wegen der M-Kohärenz von $\mathcal{N}' \subset \mathcal{M}|G'$ alle Fasern $\mathcal{N}'_z$ für alle $z \in G'$ durch Elemente aus M, also durch Schnitte in $\mathcal{M}$, die schon auf G definiert sind, erzeugbar sind, kann man das Fortsetzungsproblem für M-kohärente Garben rein algebraisch behandeln. Wenn z.B. $M = \Gamma(G,\mathcal{M})$ ist, so ist wegen Theorem A die M-Kohärenz von $\mathcal{N}'$ eine notwendige Bedingung für die Fortsetzbarkeit einer beliebigen kohärenten Garbe $\mathcal{N}' \subset \mathcal{M}|G'$. Von großer Bedeutung in unseren Fortsetzungskriterium wird folgende Menge von Primidealen in R sein:

Definition 5.11: Für eine M-kohärente Garbe $\mathcal{N} \subset \mathcal{M}$ auf G sei

$$\mathrm{Ass}_M \mathcal{N} := \{ \mathfrak{p} \subset R \text{ Primideal; } \exists\, z \in G \text{ mit } \mathfrak{p}R_z \in \mathrm{Ass}_{MR_z} \mathcal{N}_z \cap MR_z \}$$

Entsprechend definiert man für eine M-kohärente Garbe $\mathcal{N}' \subset \mathcal{M}|G'$

$$\mathrm{Ass}_M \mathcal{N}' := \{ \mathfrak{p} \subset R \text{ Primideal; } \exists\, z \in G' \text{ mit } \mathfrak{p}R_z \in \mathrm{Ass}_{MR_z} \mathcal{N}'_z \cap MR_z \}$$

Wenn $\mathcal{N} \subset \mathcal{M}$ eine M-kohärente Garbe auf G ist und $\mathfrak{p} \in \mathrm{Ass}_M \mathcal{N}$, so gilt im allgemeinen nicht $\mathfrak{p}R_z \in \mathrm{Ass}_{MR_z} \mathcal{N}_z \cap MR_z$ für alle $z \in \mathrm{Var}\,\mathfrak{p}$. Wenn nämlich $\mathrm{Var}\,\mathfrak{p}$ nicht zusammenhängend ist, also $\mathrm{Var}\,\mathfrak{p} = X \dot\cup Y$ mit analytischen Mengen $X,Y \subset G$ gilt, so ist obige Beziehung für die Garbe $\mathcal{N}$, die durch $\mathcal{N}_z = \mathfrak{p}\mathcal{O}_z$ für $z \in X$ und $\mathcal{N}_z = \mathcal{O}_z$ für $z \notin X$ definiert wird, nicht erfüllt. Wenn jedoch $\mathrm{Var}\,\mathfrak{p}$ zusammenhängend ist, so gilt obige Beziehung für alle $z \in \mathrm{Var}\,\mathfrak{p}$, wie sofort aus folgendem Lemma folgt:

Lemma 5.12: Sei $\mathcal{N} \subset \mathcal{M}$ eine M-kohärente Garbe auf G und $\mathfrak{y} \subset R$ ein Primideal in R. Dann gilt:

a) Folgende beiden Mengen sind offen in Var $\mathfrak{y}$:

$V_1 := \{z \in \operatorname{Var}\mathfrak{y};\ \mathfrak{y}R_z \in \operatorname{Ass}_{MR_z} \mathcal{N}_z \cap MR_z\}$

$V_2 := \{z \in \operatorname{Var}\mathfrak{y};\ \mathfrak{y}R_z \notin \operatorname{Ass}_{MR_z} \mathcal{N}_z \cap MR_z\}$

b) Für jede Zusammenhangskomponente S von Var $\mathfrak{y}$ gilt entweder $S \subset V_1$ oder $S \subset V_2$.

Beweis: Da $\mathcal{N}$ M-kohärent ist, gibt es zu jedem $z \in G$ eine offene Umgebung U von z und einen Untermodul $N \subset M$ mit $\mathcal{O}N|U = \mathcal{N}|U$. Wenn für ein $x \in U \cap \operatorname{Var}\mathfrak{y}$ $\mathfrak{y}R_x \in \operatorname{Ass}_{MR_x} \mathcal{N}_x \cap MR_x$ gilt, also $\mathfrak{y} \in \operatorname{Ass}_M N$ gilt, so ist nach 4.5 $\mathfrak{y} R_y \in \operatorname{Ass}_{MR_y} \mathcal{N}_y \cap MR_y$ für alle $y \in U \cap \operatorname{Var}\mathfrak{y}$. Folglich gilt für jedes dieser U mit $U \cap \operatorname{Var}\mathfrak{y} \neq \emptyset$ entweder $U \subset V_1$ oder $U \subset V_2$. Somit folgt a) und daraus folgt b).

Wenn $\mathcal{N} \subset \mathcal{M}$ durch einen Untermodul $N \subset M$ erzeugt wird, also $\mathcal{N} = \mathcal{O}N$ ist, so ist wegen $\operatorname{Ass}_M N = \operatorname{Ass}_M \mathcal{N}$ nach 4.8 c) $\{\operatorname{Var}\mathfrak{y};\ \mathfrak{y} \in \operatorname{Ass}_M \mathcal{N}\}$ eine lokalendliche Familie analytischer Mengen. Wir wollen nun einen entsprechenden Satz für beliebige M-kohärente Garben beweisen. Wie man sich schon an einfachen Beispielen klarmachen kann, ist diese Aussage ohne zusätzliche Voraussetzungen für beliebige kohärente Garben nicht mehr richtig. Das folgende Lemma haben wir in der Form formuliert, wie wir es später bei den Fortsetzungssätzen benutzen werden.

Lemma 5.13: Sei $\mathcal{N} \subset \mathcal{M}$ eine M-kohärente Garbe auf G. Wenn Var $\mathfrak{y}$ für alle $\mathfrak{y} \in \operatorname{Ass}_M(\mathcal{N}|G')$ zusammenhängend ist, so ist $\{\operatorname{Var}\mathfrak{y};\ \mathfrak{y} \in \operatorname{Ass}_M(\mathcal{N}|G')\}$ eine lokalendliche Familie analytischer Mengen.

Beweis: Da $\mathcal{N}$ M-kohärent ist, gibt es zu jedem $z \in G$ eine kompakte Umgebung K von z und einen Untermodul $N \subset M$ mit $\mathcal{O}N|K = \mathcal{N}|K$. Da MR_K nach 1.1o noethersch ist, gibt es nur endlich viele Primideale $\mathfrak{p} \subset R$ mit $\mathfrak{p}R_K \in \mathrm{Ass}_{MR_K} NR_K$. Da nach 5.12 für jedes $\mathfrak{p} \in \mathrm{Ass}_M(\mathcal{N}|G')$ mit $\mathrm{Var}\,\mathfrak{p} \cap K \neq \emptyset$ auch $\mathfrak{p}R_K \in \mathrm{Ass}_{MR_K} NR_K$ gilt, folgt die Behauptung.

Wir wollen nun untersuchen, wie die Fortsetzbarkeit einer M-kohärenten Garbe $\mathcal{N}' \subset \mathcal{M}|G'$ als M-kohärente Garbe nach G mit der Bedingung zusammenhängt, daß $\{\mathrm{Var}\,\mathfrak{p};\ \mathfrak{p} \in \mathrm{Ass}_M \mathcal{N}'\}$ eine in G lokalendliche Familie analytischer Mengen ist. Eng damit hängt zusammen, ob die in 4.21 definierten, in G' wieder R-analytischen Mengen $\mathrm{Var}^m_{(\mathcal{M}|G')}\mathcal{N}'$ für jede Zahl m als R-analytische Mengen nach G fortsetzbar sind. Folgendes Beispiel zeigt, daß auch bei R-analytischen Ausnahmemengen A eine auf $G' = G-A$ gegebene M-kohärente Garbe $\mathcal{N}'$ nicht als M-kohärente Garbe nach G fortsetzbar ist, selbst wenn sie als gewöhnliche Garbe nach G fortsetzbar ist, die Menge $\{\mathrm{Var}\,\mathfrak{p};\ \mathfrak{p} \in \mathrm{Ass}_M \mathcal{N}'\}$ eine in G lokalendliche Familie ist sowie die Mengen $\mathrm{Var}^m_{(\mathcal{M}|G')}\mathcal{N}'$ als R-analytische Mengen nach G fortsetzbar sind: Sei $\mathfrak{q} \subset R$ ein Primideal mit zusammenhängender Varietät $\mathrm{Var}\,\mathfrak{q}$, und $\mathrm{Var}\,\mathfrak{q}$ zerfalle in G in zwei irreduzible analytische Mengen $\mathrm{Var}\,\mathfrak{q} = S_1 \cup S_2$ mit $S_1 \cap S_2 =: A \neq \emptyset$. Ferner gebe es in M zwei verschiedene $\mathfrak{q}$-primäre Moduln $Q_1 \neq Q_2$. Definiert man nun auf $G' = G-A$ die M-kohärente Garbe $\mathcal{N}'$ durch $\mathcal{N}'_z = Q_1\mathcal{O}_z$ für $z \in S_1 \cap G'$, $\mathcal{N}'_z = Q_2\mathcal{O}_z$ für $z \in S_2 \cap G'$ und $\mathcal{N}'_z = \mathcal{M}_z$ sonst, so ist $\mathcal{N}'$ nicht nach G als M-kohärente Garbe fortsetzbar, da wegen 2.7 und 1.17 $Q_1 = Q_2$ gelten müßte.

Wenn $\mathcal{N}' \subset \mathcal{M}|G'$ eine M-kohärente Garbe ist, so kann man nur dann $\mathcal{N}'$ als M-kohärente Garbe nach G fortsetzen, wenn $\mathrm{Var}^m_{(\mathcal{M}|G')}\mathcal{N}'$ als R-analytische Menge für jedes $m \in \mathbb{N}$ nach G fortsetzbar ist. Wie obiges Beispiel zeigt, ist diese Bedingung auch bei R-analytischen Ausnahmemengen A nicht hinreichend für Fortsetzbarkeit. Sie wird jedoch auch hinreichend, wenn wir noch zusätzlich eine ebenfalls notwendige Bedingung fordern, nämlich daß auf jeder Zusammenhangskomponente von $\mathrm{Var}\,\mathfrak{q}$ für $\mathfrak{q} \in \mathrm{Ass}_M \mathcal{N}'$ die "richtigen" $\mathfrak{q}$-primären Moduln in den Primärzerlegungen von $\mathcal{N}'_z \cap MR_z$ vorkommen:

<u>Satz 5.14:</u> Ist $\mathcal{N}' \subset \mathcal{M}|G'$ eine M-kohärente Garbe, so sind folgende Aussagen äquivalent:

1) $\mathcal{N}'$ ist als M-kohärente Garbe nach G fortsetzbar.

2) a) Für jedes $m \in \mathbb{N}$ ist $\mathrm{Var}^m_{(\mathcal{M}|G')}\mathcal{N}'$ als R-analytische Menge nach G fortsetzbar.

b) Für jedes $\mathfrak{g} \in \mathrm{Ass}_M \mathcal{N}'$ und für jede Zusammenhangskomponente S von $\mathrm{Var}\,\mathfrak{g}$ gilt $(\mathcal{N}'_{z_1} \cap M)R_{\mathfrak{g}} = (\mathcal{N}'_{z_2} \cap M)R_{\mathfrak{g}}$ für alle $z_1, z_2 \in S \cap G'$.

<u>Beweis:</u> 1)⟶2b) Seien $z_1, z_2 \in S \cap G'$. Betrachte nun die Primärzerlegung $\mathcal{N}'_{z_1} \cap MR_{z_1} = \bigcap_{i=1}^{r} Q_i R_{z_1}$ mit Primärmoduln $Q_i \subset M$. Wenn man $J := \{1 \leq i \leq r;\ \mathrm{Var}\,Q_i \supset \mathrm{Var}\,\mathfrak{g}\}$ setzt, so gilt $(\mathcal{N}'_{z_1} \cap M)R_{\mathfrak{g}} = \bigcap_{j \in J} Q_j R_{\mathfrak{g}}$. Da $\mathcal{N}'$ als M-kohärente Garbe nach G fortsetzbar ist, gilt nach 2.10 $Q_j \mathcal{O}_{z_2} \supset \mathcal{N}'_{z_2}$ für alle $j \in J$, weil $z_1 \in S$ und $S \subset \mathrm{Var}\,Q_j$ für alle $j \in J$ ist. Folglich gilt $(\mathcal{N}'_{z_1} \cap M)R_{\mathfrak{g}} = \bigcap_{j \in J} Q_j R_{\mathfrak{g}} \supset$ $\supset (\mathcal{N}'_{z_2} \cap M)R_{\mathfrak{g}}$. Die andere Inklusion zeigt man genauso.

2)⟶1) Wir werden eine Modulverteilung auf G konstruieren, so daß die dazu assoziierte Garbe $\mathcal{N} \subset \mathcal{M}$ unsere Garbe $\mathcal{N}' \subset \mathcal{M}|G'$ fortsetzt: Sei $z \in G$ und K eine kompakte Umgebung von z. Wenn A_m die R-analytischen Fortsetzungen der $\mathrm{Var}^m_{(\mathcal{M}|G')}\mathcal{N}'$ sind, so gibt es nach 4.25 nur endlich viele $m = 0,\dots,t$ mit $A_m \cap K \cap G' \neq \emptyset$. Indem man K gegebenenfalls noch verkleinert, kann man annehmen, daß $A_m \cap K = \operatorname{Var}\mathfrak{a}_m \cap K$ für $m = 0,\dots,t$ und Ideale $\mathfrak{a}_m \subset R$ gilt. Dann hat A_m eine reduzierte Darstellung $A_m \cap K = \bigcup_{i=1}^{r_m} \operatorname{Var}\mathfrak{q}_{mi} \cap K$ mit Primideale $\mathfrak{q}_{mi} \subset R$. Dann existiert eine offene Umgebung $V(z) \subset K$ von z, so daß $V(z)$ höchstens eine Zusammenhangskomponente eines jeden $\operatorname{Var}\mathfrak{q}_{mi}$ trifft und für jedes (m,i) mit $\operatorname{Var}\mathfrak{q}_{mi} \cap V(z) \neq \emptyset$ stets $z \in \operatorname{Var}\mathfrak{q}_{mi}$ ist. Wenn S_{mi} die Zusammenhangskomponente von $\operatorname{Var}\mathfrak{q}_{mi}$ mit $S_{mi} \cap V(z) \neq \emptyset$ ist, so setzen wir

$L = L(z) := \{(m,i);\ m = 0,\dots,t;\ \operatorname{Var}\mathfrak{q}_{mi} \cap V(z) \neq \emptyset,\ S_{mi} \cap G' \neq \emptyset\}$

$Q_{mi} := (\mathcal{N}'_{z_{mi}} \cap M) R_{\mathfrak{q}_{mi}} \cap M$ mit beliebigem $z_{mi} \in S_{mi} \cap G'$. Wenn wir nun $N(z) := \bigcap_{(m,i) \in L} Q_{mi}$ setzen, so ist $\{(N(z),V(z));\ z \in G\}$ eine Modulverteilung über G, so daß die dazu assoziierte Garbe $\mathcal{N} \subset \mathcal{M}$ unsere Garbe $\mathcal{N}' \subset \mathcal{M}|G'$ fortsetzt:

Wenn $z \in G'$ ist, so gilt nach Konstruktion $z \in S_{mi} \subset \operatorname{Var}\mathfrak{q}_{mi}$ für alle $(m,i) \in L = L(z)$ und somit nach 4.24 $\{\mathfrak{q}_{mi}R_z;\ (m,i) \in L\} = \operatorname{Ass}_{MR_z}(\mathcal{N}'_z \cap MR_z)$. Folglich ist wegen der Voraussetzung 2b) $Q_{mi} = (\mathcal{N}'_z \cap M) R_{\mathfrak{q}_{mi}} \cap M$. Dann gilt offenbar $N(z)\mathcal{O}_z = \mathcal{N}'_z$ für alle $z \in G'$. Es bleibt also nur zu zeigen, daß $\{(N(z),V(z));\ z \in G\}$ eine Modulverteilung auf G ist:

Sei etwa $x \in V(z) \cap V(z^*)$, $N(z) = \bigcap_{(m,i) \in L} Q_{mi}$ und $N(z^*) = \bigcap_{(m,j) \in L^*} Q^*_{mj}$. Da $Q_{mi} = (\mathcal{N}'_{z_{mi}} \cap M) R_{\mathfrak{q}_{mi}} \cap M$ und $MR_{\mathfrak{q}_{mi}}$ noethersch ist, gilt $Q_{mi} = \bigcap_{\nu=1}^{r} P_\nu$ mit $\mathfrak{p}_\nu$-primären Moduln P_ν, wobei $\mathfrak{p}_\nu \subset R$ Primideale mit $z_{mi} \in \operatorname{Var}\mathfrak{q}_{mi} \subset \operatorname{Var}\mathfrak{p}_\nu$ sind. Es genügt nun zu zeigen, daß für jedes ν mit $x \in \operatorname{Var}\mathfrak{p}_\nu$ $P_\nu R_x \supset N(z^*) R_x$ gilt:

Da $\mathfrak{p}_\nu R_{z_{mi}}$ zu $\mathcal{N}'_{z_{mi}} \cap MR_{z_{mi}}$ assoziiert ist und $\operatorname{Var}\mathfrak{p}_\nu$ die zusammenhängende Menge S_{mi} enthält, sieht man mittels 5.9 sofort, daß $\mathfrak{p}_\nu = \mathfrak{q}_{nk}$ für ein $(n,k) \in L$ ist. Wenn man nun die lokale Zerlegung von A_n in R-irreduzible Komponenten betrachtet, findet man ein $(n,j) \in L^*$ mit $\mathfrak{q}^*_{nj} = \mathfrak{q}_{nk} = \mathfrak{f}_\nu$. Nach Konstruktion ist $Q^*_{nj} = (\mathcal{N}'_{z^*_{nj}} \cap M)R_{\mathfrak{q}^*_{nj}} \cap M$ für ein $z^*_{nj} \in S^*_{nj} \subset \operatorname{Var} \mathfrak{q}^*_{nj}$, wobei S^*_{nj} die Zusammenhangskomponente von $\operatorname{Var} \mathfrak{q}^*_{nj} = \operatorname{Var} \mathfrak{q}_{nk}$ ist, die $V(z^*)$ trifft. Wegen $x \in V(z) \cap V(z^*) \cap \operatorname{Var} \mathfrak{f}_\nu$ ist $x \in S^*_{nj} \cap V(z) \neq \emptyset$. Da $\operatorname{Var} \mathfrak{q}_{mi} \subset \operatorname{Var} \mathfrak{f}_\nu$ und S_{mi} zusammenhängend ist, gilt $z_{mi} \in S^*_{nj}$. Also gilt wegen 2b) und Definition von $\mathfrak{f}_\nu \subset \mathfrak{q}_{mi}$:

$$Q^*_{nj} = (\mathcal{N}'_{z_{mi}} \cap M)R_{\mathfrak{f}_\nu} \cap M = ((\mathcal{N}'_{z_{mi}} \cap M)R_{\mathfrak{q}_{mi}} \cap M)R_{\mathfrak{f}_\nu} \cap M$$
$$= Q_{mi} R_{\mathfrak{f}_\nu} \cap M = \bigcap_{\mu=1}^{r} (P_\mu R_{\mathfrak{f}_\nu} \cap M) \subset P_\nu .$$

Somit gilt $P_\nu \supset N(z^*)$.

Daraus folgt dann $N(z)\mathcal{O}_x = N(z^*)\mathcal{O}_x$, also ist $\{(N(z),V(z));\ z \in G\}$ eine Modulverteilung auf G.

In 5.14 wäre die schwächere Voraussetzung "Für jedes $m \in \mathbb{N}$ ist $\operatorname{Var}^m_{(\mathcal{M}|G')}\mathcal{N}'$ als analytische Menge nach G fortsetzbar" übrigens nicht mehr hinreichend gewesen.

Wenn für einen Punkt $z \in G'$ $\mathcal{N}'_z \cap MR_z = \bigcap_{i=1}^{n} P_i R_z$ eine Primärzerlegung in MR_z mit Primärmoduln $P_i \subset M$ ist, so bezeichnen wir für ein Primideal $\mathfrak{f} \subset R$ den Untermodul $\bigcap_{i \in I} P_i$ als die $\mathfrak{f}$-isolierte Komponente von $\mathcal{N}'_z \cap MR_z$, wobei $I := \{1 \leq i \leq n;\ \operatorname{Var} P_i \supset \operatorname{Var} \mathfrak{f}\}$ ist. Nach dem Eindeutigkeitssatz für Primärzerlegungen in noetherschen Moduln ist die $\mathfrak{f}$-isolierte Komponente nur vom Untermodul $\mathcal{N}'_z \cap MR_z$ abhängig und gleich $(\mathcal{N}'_z \cap M)R_{\mathfrak{f}} \cap M$. Die Bedingung 2b) aus 5.14 besagt also, daß für jedes $\mathfrak{f} \in \operatorname{Ass}_M \mathcal{N}'$ die $\mathfrak{f}$-isolierte Komponente von $\mathcal{N}'_z \cap MR_z$ sich auf einer Zusammenhangskomponenten von $\operatorname{Var} \mathfrak{f}$ nicht ändert.

Wir wollen nun die Bedingung 2b) aus 5.14 durch eine einfachere ersetzen; diese ist eine echte Verschärfung von 2b) und daher nicht mehr notwendig für die Fortsetzbarkeit von $\mathcal{N}'$. Wenn jedoch $\operatorname{Var}\mathfrak{p}$ für alle $\mathfrak{p} \in \operatorname{Ass}_M \mathcal{N}'$ zusammenhängend ist, ist die neue Bedingung auch notwendig für die Fortsetzbarkeit von $\mathcal{N}'$. Dafür beweisen wir zunächst folgende Hilfssätze:

Lemma 5.15: Sei $\mathcal{N}' \subset \mathcal{M}|G'$ eine M-kohärente Garbe auf G'. Wenn für jedes Punktepaar $z_1, z_2 \in G'$ ein Untermodul $N \subset M$ mit $N\mathcal{O}_{z_i} = \mathcal{N}'_{z_i}$ für $i = 1,2$ existiert, erfüllt $\mathcal{N}'$ die Bedingung 2b) aus 5.14.

Beweis: Sei $\mathfrak{p} \in \operatorname{Ass}_M \mathcal{N}'$ und S eine Zusammenhangskomponente von $\operatorname{Var}\mathfrak{p}$. Nach Voraussetzung existiert für alle $z_1, z_2 \in S \cap G'$ ein Untermodul $N \subset M$ mit $N\mathcal{O}_{z_i} = \mathcal{N}'_{z_i}$ für $i = 1,2$. Da $(\mathcal{N}'_{z_i} \cap M)R_{\mathfrak{p}} = NR_{\mathfrak{p}}$ für $i = 1,2$ gilt, folgt die Behauptung.

Insbesondere wenn $\operatorname{Var}\mathfrak{p} \cap G'$ für alle $\mathfrak{p} \in \operatorname{Ass}_M \mathcal{N}'$ zusammenhängend ist, ist die Voraussetzung in 5.15 erfüllt, wie sich aus folgendem Lemma ergibt:

Lemma 5.16: Sei $\mathcal{N}' \subset \mathcal{M}|G'$ eine M-kohärente Garbe auf G' und $z_1, z_2 \in G'$. Hat jedes Primideal $\mathfrak{p} \subset R$ mit $\mathfrak{p}R_{z_i} \in \operatorname{Ass}_{MR_{z_i}} \mathcal{N}_{z_i} \cap MR_{z_i}$ für $i = 1,2$ zusammenhängende Varietät $\operatorname{Var}\mathfrak{p} \cap G'$, so existiert ein Untermodul $N \subset M$ mit $N\mathcal{O}_{z_i} = \mathcal{N}'_{z_i}$ für $i = 1,2$.

Beweis: Betrachte die Primärzerlegungen $\mathcal{N}'_{z_i} \cap MR_{z_i} = \bigcap_{j=1}^{r_i} Q_{ji}R_{z_i}$ mit Primärmoduln $Q_{ji} \subset M$. Nach 2.1o erfüllt $N = \bigcap_{i=1}^{2} \bigcap_{j=1}^{r_i} Q_{ji}$ die Behauptung.

Wenn $\mathcal{N}'$ die Voraussetzung in 5.15 erfüllt, so ist insbesondere $\operatorname{Var}^m_{(\mathcal{M}|G')}\mathcal{N}'$ als R-analytische Menge nach G fortsetzbar, falls noch zusätzlich $\{\operatorname{Var}\mathfrak{p};\ \mathfrak{p} \in \operatorname{Ass}_M \mathcal{N}'\}$ eine lokalendliche Familie analytischer Mengen ist:

<u>Lemma 5.17:</u> Sei $\mathcal{N}' \subset \mathcal{M}|G'$ eine M-kohärente Garbe auf G', die folgende Bedingungen erfüllt:

a) $\{\operatorname{Var}\varphi;\ \varphi \in \operatorname{Ass}_M \mathcal{N}'\}$ ist eine lokalendliche Familie analytischer Mengen.

b) Für jedes Punktepaar $z_1, z_2 \in G'$ existiert ein Untermodul $N \subset M$ mit $N\mathcal{O}_{z_i} = \mathcal{N}'_{z_i}$ für i=1,2.

Dann ist $\operatorname{Var}^m_{(\mathcal{M}|G')}\mathcal{N}'$ als R-analytische Menge nach G fortsetzbar für jedes $m \in \mathbb{N}$.

<u>Beweis:</u> Analog zu 4.12 kann man $\operatorname{Ass}^m_M \mathcal{N}' \subset \operatorname{Ass}_M \mathcal{N}'$ definieren. Nach a) ist dann $A_m = \bigcup_{\varphi \in \operatorname{Ass}^m_M \mathcal{N}'} \operatorname{Var}\varphi$ eine R-analytische Menge in G. Nach b) und 4.24 gilt offenbar $A_m \cap G' = \operatorname{Var}^m_{(\mathcal{M}|G')}\mathcal{N}'$.

Wir möchten hier noch kurz erwähnen, daß $\operatorname{Var}^m_{(\mathcal{M}|G')}\mathcal{N}'$ noch nicht als R-analytische Menge fortsetzbar zu sein braucht, wenn $\{\operatorname{Var}\varphi;\ \varphi \in \operatorname{Ass}_M \mathcal{N}'\}$ eine lokalendliche Familie analytischer Mengen ist (vgl. dazu das Beispiel zu Beginn von Absatz B).

<u>Theorem 5.18:</u> Ist $\mathcal{N}' \subset \mathcal{M}|G'$ eine M-kohärente Garbe auf G' und ist $\operatorname{Var}\varphi \subset G$ für jedes $\varphi \in \operatorname{Ass}_M \mathcal{N}'$ zusammenhängend, so sind folgende Aussagen äquivalent:

1) $\mathcal{N}'$ ist als M-kohärente Garbe nach G fortsetzbar.

2) a) $\{\operatorname{Var}\varphi;\ \varphi \in \operatorname{Ass}_M \mathcal{N}'\}$ ist eine in G lokalendliche Familie analytischer Mengen.

   b) Für jedes Punktepaar $z_1, z_2 \in G'$ existiert ein Untermodul $N \subset M$ mit $N\mathcal{O}_{z_i} = \mathcal{N}'_{z_i}$ für i=1,2.

3) a) Für jedes $m \in \mathbb{N}$ ist $\operatorname{Var}^m_{(\mathcal{M}|G')}\mathcal{N}'$ als R-analytische Menge nach G fortsetzbar.

   b) wie 2b).

<u>Beweis:</u> 1)⟶2): a) folgt aus 5.13 und b) aus 5.16.

2)⟶3) folgt aus 5.17.

3)⟶1) folgt mit 5.15 aus 5.14.

Nach 5.16 wissen wir, daß die Voraussetzungen 2b) bzw. 3b) erfüllt sind, wenn für alle $\mathcal{Y} \in \mathrm{Ass}_M \mathcal{N}'$ stets $G' \cap \mathrm{Var}\,\mathcal{Y}$ zusammenhängend ist. Wenn die Obervoraussetzung "$\mathrm{Var}\,\mathcal{Y} \subset G$ zusammenhängend" nicht gegeben ist, so sind 5.18 2) und 3) nicht mehr notwendig für 1), wohl aber nach dem Obigen noch hinreichend.

In 5.18 3a) war es wichtig, sogar die <u>R-analytische</u> Fortsetzbarkeit der $\mathrm{Var}^m_{(\mathcal{M}|G')}\mathcal{N}'$ vorauszusetzen. Wenn nur eine analytische Fortsetzung gefordert würde, wäre 5.18 falsch. Unter einer stärkeren Obervoraussetzung jedoch bleiben die Aussagen auch dann richtig:

<u>Theorem 5.19:</u> Sei $\mathcal{N}' \subset \mathcal{M}|G'$ eine M-kohärente Garbe auf G'. Wenn der reguläre Ort $\mathrm{Reg}\,\mathcal{Y}$ für jedes $\mathcal{Y} \in \mathrm{Ass}_M \mathcal{N}'$ zusammenhängend ist, so sind folgende Aussagen äquivalent:

1) $\mathcal{N}'$ ist als M-kohärente Garbe nach G fortsetzbar.

2) a) $\mathcal{N}'$ ist als kohärente Garbe nach G fortsetzbar.

   b) Für jedes Punktepaar $z_1, z_2 \in G'$ existiert ein Untermodul $N \subset M$ mit $N\mathcal{O}_{z_i} = \mathcal{N}'_{z_i}$ für $i=1,2$.

3) a) Für jedes $m \in \mathbb{N}$ ist $\mathrm{Var}^m_{(\mathcal{M}|G')}\mathcal{N}'$ als analytische Menge nach G fortsetzbar.

   b) wie 2b).

<u>Beweis:</u> 3)⟶1) Seien A_m die Fortsetzungen der $\mathrm{Var}^m_{(\mathcal{M}|G')}\mathcal{N}'$ und $\{S_{mi};\ i \in I_m\}$ die irreduziblen Komponenten der A_m mit $S_{mi} \cap G' \neq \emptyset$. Dann ist $\{S_{mi};\ i \in I_m,\ m \in \mathbb{N}\}$ eine lokalendliche Familie analytischer

Mengen. Da $\mathrm{Reg}\,\mathcal{Y}$ für jedes $\mathcal{Y} \in \mathrm{Ass}_M \mathcal{N}'$ zusammenhängend ist, ist $\mathrm{Var}\,\mathcal{Y}$ eine irreduzible analytische Menge in G für jedes $\mathcal{Y} \in \mathrm{Ass}_M \mathcal{N}'$. Dann ist offenbar $\{\mathrm{Var}\,\mathcal{Y};\ \mathcal{Y} \in \mathrm{Ass}_M \mathcal{N}'\} \subset \{S_{mi};\ i \in I_m,\ m \in \mathbb{N}\}$. Somit folgt die Behauptung aus 5.18.

Wir wollen jetzt speziell Fortsetzungssätze für den Fall herleiten, daß die Ausnahmemenge A eine R-analytische Menge in G ist. Dazu wollen wir zunächst noch einmal das Beispiel im Anschluß an 5.13 betrachten: Die dort definierte Garbe $\mathcal{N}'$ auf G' ist zwar nicht als M-kohärente Garbe fortsetzbar, jedoch als kohärente Untergarbe von $\mathcal{M}$, wie sofort aus 5.14 für R = R(G) und $M = \Gamma(G,\mathcal{M})$ folgt. Die Ausnahmemenge $A = S_1 \cap S_2$ in diesem Beispiel kann durchaus wieder R-analytisch sein. Somit ist klar, daß man auch bei R-analytischen A $\mathcal{N}'$ nur dann M-kohärent fortsetzen kann, wenn $\mathcal{N}'$ als kohärente Untergarbe von $\mathcal{M}$ fortsetzbar ist und <u>zusätzlich</u> noch die $\mathcal{Y}$-isolierten Komponenten von $\mathcal{N}'$ sich auf den Zusammenhangskomponenten von $\mathrm{Var}\,\mathcal{Y}$ nicht ändern. Bei R-analytischen Ausnahmemengen A sind diese beiden Bedingungen auch ohne die Obervoraussetzung aus 5.19 hinreichend für M-kohärente Fortsetzbarkeit von $\mathcal{N}'$:

<u>Satz 5.2o:</u> Sei $\mathcal{N}' \subset \mathcal{M}|G'$ eine M-kohärente Garbe und A = G-G' eine R-analytische Menge in G. Dann sind äquivalent:

1) $\mathcal{N}'$ ist als M-kohärente Garbe nach G fortsetzbar.

2) a) $\mathcal{N}'$ ist als kohärente Garbe nach G fortsetzbar.

   b) Für jedes $\mathcal{Y} \in \mathrm{Ass}_M \mathcal{N}'$ und für jede Zusammenhangskomponente S von $\mathrm{Var}\,\mathcal{Y}$ gilt $(\mathcal{N}'_{z_1} \cap M)R_{\mathcal{Y}} = (\mathcal{N}'_{z_2} \cap M)R_{\mathcal{Y}}$ für alle $z_1, z_2 \in S \cap G'$.

3) a) Für jedes $m \in \mathbb{N}$ ist $\mathrm{Var}^m_{(\mathcal{M}|G')}\mathcal{N}'$ als analytische Menge nach G fortsetzbar.

   b) wie 2b).

<u>Beweis:</u> 3)$\longrightarrow$1): Nach 5.1o genügt es zu zeigen, daß $\mathcal{N}'$ als M-kohärente Garbe lokal nach G fortsetzbar ist:

Sei nun $z \in G$ und K eine kompakte Umgebung von z. Dann gibt es nur endlich viele m = O,..,t mit $\mathrm{Var}^m_{(\mathcal{M}|G')}\mathcal{N}' \cap K \cap G' \neq \emptyset$. Ferner existieren endlich viele Primideale $\mathfrak{P}_{mi} \subset R(G)$ mit

$\bigcup_{i=1}^{r_m} \mathrm{Var}\,\mathfrak{P}_{mi} \cap K \cap G' = \mathrm{Var}^m_{(\mathcal{M}|G')}\mathcal{N}' \cap K \cap G'$. Wir setzen nun

$\mathfrak{q}_{mi} := R \cap \mathfrak{P}_{mi}$. Da $\{\mathfrak{q}_{mi};\ m = 0,\dots,t;\ i = 1,\dots,r_m\}$ endlich ist, kann man eine Steinsche Umgebung $V \subset K$ von z so wählen, daß V höchstens eine Zusammenhangskomponente eines jeden $\mathrm{Var}\,\mathfrak{q}_{mi}$ trifft. Für

$z \in \mathrm{Var}\,\mathfrak{q}_{mi} \cap V \cap G'$ gilt nach 4.24

$\mathfrak{P}_{mi}(R(G))_z \in \mathrm{Ass}^m_{M(R(G))_z}(\mathcal{N}'_z \cap M(R(G))_z)$. Nach 4.16 ist dann auch

$\mathfrak{q}_{mi}\,R_z \in \mathrm{Ass}^m_{MR_z}(\mathcal{N}'_z \cap MR_z)$. Wegen der Konstruktion von V und wegen der Voraussetzung 2b) ist dann für jedes $x \in \mathrm{Var}\,\mathfrak{q}_{mi} \cap V \cap G'$ stets

$\mathfrak{q}_{mi}R_x \in \mathrm{Ass}^m_{MR_x}(\mathcal{N}'_x \cap MR_x)$. Somit ist

$\mathrm{Var}\,\mathfrak{q}_{mi} \cap V \cap G' \subset \mathrm{Var}^m_{(\mathcal{M}|G')}\mathcal{N}' \cap V \cap G'$. Da trivialerweise

$\bigcup_{i=1}^{r_m} \mathrm{Var}\,\mathfrak{q}_{mi} \cap V \cap G' \supset \mathrm{Var}^m_{(\mathcal{M}|G')}\mathcal{N}' \cap V \cap G'$ ist, ist $\mathrm{Var}^m_{(\mathcal{M}|G')}\mathcal{N}'$ als R-analytische Menge nach V fortsetzbar. Mit 5.14 ist dann $\mathcal{N}'|V \cap G'$ nach V als M-kohärente Garbe fortsetzbar.

Genauer haben wir in 5.2o gezeigt, daß bei beliebiger Ausnahmemenge A unter der Voraussetzung 2b) genau dann die M-kohärente Garbe $\mathcal{N}' \subset \mathcal{M}|G'$ lokal als M-kohärente Garbe nach G fortsetzbar ist, wenn die Mengen $\mathrm{Var}^m_{(\mathcal{M}|G')}\mathcal{N}'$ lokal als analytische Mengen fortsetzbar sind.

Mit Lemma 5.15 folgt weiter daraus:

<u>Theorem 5.21:</u> Sei $A \subset G$ eine R-analytische Menge, $G' = G-A$. Ist $\mathcal{N}' \subset \mathcal{M}|G'$ eine M-kohärente Garbe auf G' und existiert für jedes Punktepaar $z_1, z_2 \in G'$ ein $N \subset M$ mit $N\mathcal{O}_{z_i} = \mathcal{N}'_{z_i}$ für i=1,2, so sind äquivalent:

1) $\mathcal{N}'$ ist als M-kohärente Garbe nach G fortsetzbar.

2) $\mathcal{N}'$ ist als kohärente Garbe nach G fortsetzbar.

3) Für jedes $m \in \mathbb{N}$ ist $\mathrm{Var}^m_{(\mathcal{M}|G')}\mathcal{N}'$ als analytische Menge nach G fortsetzbar.

Das Beispiel nach 5.13 zeigt, daß ohne die Obervoraussetzung von 5.21 auch bei R-analytischen Ausnahmemengen A die drei Aussagen in 5.21 nicht mehr äquivalent sind. Wir können aber diese Obervoraussetzung wie üblich nach 5.16 ersetzen durch "$\mathrm{Var}\,\mathfrak{q} \cap G'$ zusammenhängend für alle $\mathfrak{q} \in \mathrm{Ass}_M \mathcal{N}'$ ".

Mittels der Fortsetzungssätze für R-kohärente Idealgarben erhalten wir natürlich sofort Fortsetzungssätze für R-analytische Mengen, da jeder R-analytischen Menge eine R-kohärente Idealgarbe (vgl. 2.26) zugeordnet ist. Wir wollen nur einige dieser direkten Folgerungen noch explizit formulieren. Vorher betrachten wir noch folgendes Beispiel, das zeigt, daß selbst bei R-analytischen Ausnahmemengen A eine als analytische Menge fortsetzbare R-analytische Menge $S' \subset G'$ nicht als R-analytische Menge nach G fortsetzbar zu sein braucht: Sei $\mathfrak{q} \subset R$ ein Primideal mit zusammenhängender Varietät $\mathrm{Var}\,\mathfrak{q}$ und $\mathrm{Var}\,\mathfrak{q}$ zerfalle in zwei irreduzible analytische Mengen $\mathrm{Var}\,\mathfrak{q} = S_1 \cup S_2$ mit $A = S_1 \cap S_2 \neq \emptyset$. Dann ist $S' := S_1 \cap G'$ für $G' = G-A$ eine R-analytische Menge in G', die als analytische Menge nach G fortsetzbar ist. Wegen 5.9 ist S' nicht als R-analytische Menge nach G fortsetzbar.

Man muß also eine zu 2b) aus 5.2o entsprechende Bedingung für S' fordern. Dazu bezeichnen wir eine R-analytische Menge $S \subset G$ als R-irreduzibel, wenn S sich nicht als Vereinigung von zwei echt kleineren R-analytischen Mengen darstellen läßt. Eine Charakterisierung der R-irreduziblen analytischen Mengen in G liefert folgendes Lemma:

<u>Lemma 5.22:</u> Erfülle R lokal I bezüglich G. Eine R-analytische Menge $S \subset G$ ist genau dann R-irreduzibel, wenn S Zusammenhangskomponente einer Varietät eines Primideals $\mathfrak{p} \subset R$ ist.

<u>Beweis:</u> Sei S Zusammenhangskomponente von Var $\mathfrak{p}$. Wenn S eine Darstellung $S = X \cup Y$ mit R-analytischen Mengen $X, Y \subset G$ hat, so existieren zu $z \in S$ reduzierte Ideale $\mathfrak{a}, \mathfrak{b} \subset R$, so daß für die Mengenkeime im Punkte z $(\mathrm{Var}\,\mathfrak{p})_z = (S)_z = (X)_z \cup (Y)_z = (\mathrm{Var}\,\mathfrak{a})_z \cup (\mathrm{Var}\,\mathfrak{b})_z$ gilt. Da R lokal I bezüglich $\{z\}$ erfüllt und alle Ideale reduziert sind, gilt nach dem Hilbertschen Nullstellensatz $\mathfrak{p}R_z = \mathfrak{a}R_z \cap \mathfrak{b}R_z$. Da $\mathfrak{p}R_z$ ein Primideal ist, gilt dann $\mathfrak{p}R_z = \mathfrak{a}R_z$ oder $\mathfrak{p}R_z = \mathfrak{b}R_z$. Nach 5.9 ist dann $S \subset X$ oder $S \subset Y$. Die Umkehrung verifiziert man durch elementare Rechnung, indem man wiederum 5.9 ausnutzt und benutzt, daß jede R-analytische Menge S in jedem Punkt eine eindeutige Darstellung $(S_z) = \bigcup_{i=1}^{n} (\mathrm{Var}\,\mathfrak{p}_i)_z$ mit Primidealen $\mathfrak{p}_i \subset R$ besitzt.

Damit erhält man nun folgenden Fortsetzungssatz für R-analytische Mengen in G', wenn die Ausnahmemenge $A = G-G'$ R-analytisch ist.

<u>Satz 5.23:</u> Erfüllt R lokal I bezüglich G und ist $A = G-G'$ eine R-analytische Ausnahmemenge, so sind für eine R-analytische Menge $S' \subset G'$ folgende Aussagen äquivalent:

1) S' ist als R-analytische Menge nach G fortsetzbar.

2) a) S' ist als analytische Menge nach G fortsetzbar.

b) Für jede R-irreduzible Menge $T \subset G$, zu der ein $z \in G' \cap T$ mit $(T)_z \subset (S')_z$ existiert, gilt $T \cap G' \subset S'$.

Beweis: 1)⟶2b) folgt aus 5.9 mit 5.22.

2)⟶1): Es gibt eine Überdeckung $\{U_i;\ i \in I\}$ von G' und Ideale $\mathfrak{a}_i \subset R$ mit $U_i \cap S' = U_i \cap \operatorname{Var}\mathfrak{a}_i$ für alle $i \in I$. Wie in 2.26 zeigt man, daß $\{(U_i, \operatorname{Rad}\mathfrak{a}_i);\ i \in I\}$ eine Idealverteilung auf G' ist. Wenn $\mathcal{J}'$ die dazu assoziierte Idealgarbe ist, so gilt $\operatorname{Var}^o_{(\mathcal{O}|G')}\mathcal{J}' = S'$ und $\operatorname{Var}^m_{(\mathcal{O}|G')}\mathcal{J}' = \emptyset$ für alle $m \geq 1$, da nach 4.15 mit $(\operatorname{Rad}\mathfrak{a}_i)R_z \subset R_z$ auch $(\operatorname{Rad}\mathfrak{a}_i)\mathcal{O}_z \subset \mathcal{O}_z$ keine eingebetteten Komponenten hat. Somit ist 5.2o 3a) erfüllt. Da wegen unserer Voraussetzung 5.23 2b) auch 5.2o 3b) gilt, folgt mit 5.2o die Behauptung.

Es sei bemerkt, daß diese Fortsetzungssätze (5.2o, 5.21, 5.23) schon bei analytischen Ausnahmemengen A im allgemeinen falsch werden. Der Grund dafür liegt darin, daß bei analytischen Ausnahmemengen A M-kohärente Fortsetzbarkeit im allgemeinen kein lokales Problem mehr ist, also daß für R-irreduzible Mengen S mit $(S)_z \subset (A)_z$ für ein $z \in S$ nicht notwendig $S \subset A$ folgt. Um Fortsetzungssätze für beliebige analytische Ausnahmemengen A zu erhalten, zeigen wir zunächst folgenden trivialen Hilfssatz:

Lemma 5.24: Ist A eine analytische Menge und $\mathfrak{q} \subset R$ ein Primideal mit zusammenhängendem regulären Ort $\operatorname{Reg}\mathfrak{q}$, so sind auch $(\operatorname{Reg}\mathfrak{q}) \cap G'$ und $(\operatorname{Var}\mathfrak{q}) \cap G'$ zusammenhängend.

Beweis: Da $\operatorname{Reg}\mathfrak{q}$ eine Mannigfaltigkeit ist und $A \cap \operatorname{Reg}\mathfrak{q} \subset \operatorname{Reg}\mathfrak{q}$ eine analytische Menge ist, gilt entweder $A \cap \operatorname{Reg}\mathfrak{q} = \operatorname{Reg}\mathfrak{q}$ oder $\operatorname{Reg}\mathfrak{q} - (A \cap \operatorname{Reg}\mathfrak{q})$ ist zusammenhängend. Im ersten Fall ist $A \supset \operatorname{Reg}\mathfrak{q}$, also auch $A \supset \overline{\operatorname{Reg}\mathfrak{q}} = \operatorname{Var}\mathfrak{q}$, woraus $\operatorname{Var}\mathfrak{q} \cap G' = \emptyset$ folgt. Im zweiten Fall ist $(\operatorname{Reg}\mathfrak{q}) \cap G'$ und damit auch $(\operatorname{Var}\mathfrak{q}) \cap G'$ zusammenhängend.

In Unterringen R, in denen jedes Primideal $\mathfrak{q} \subset R$ einen zusammenhängenden regulären Ort $\operatorname{Reg}\mathfrak{q}$ hat, sind die obigen Fortsetzungssätze (5.2o, 5.21, 5.23) auch bei analytischen Ausnahmemengen richtig, wie wir gleich zeigen werden. Beispiele für solche Ringe erhält man etwa so: Sei X ein Steinscher Raum, $G \subset X$ ein Unterraum, so daß X-G eine analytische Menge in X ist. Dann ist der Ring $R = R(X)$ ein echter Unterring von R(G), der lokal die Eigenschaft I bezüglich G erfüllt und für den nach 5.24 für jedes Primideal $\mathfrak{q} \subset R$ stets $\operatorname{Reg}\mathfrak{q}$ zusammenhängend ist. Ebenfalls liefert, falls $G \subset \mathbb{C}^n$ das Komplement einer analytischen Menge ist, der auf G eingeschränkte Polynomring einen derartigen Ring R.

Satz 5.25: Sei $A \subset G$ eine analytische Menge und $\mathcal{N}' \subset \mathcal{M}|G'$ eine M-kohärente Garbe auf G'. Wenn $\operatorname{Reg}\mathfrak{p}$ für jedes $\mathfrak{p} \in \operatorname{Ass}_M \mathcal{N}'$ zusammenhängend ist, so sind folgende Aussagen äquivalent:

1) $\mathcal{N}'$ ist als M-kohärente Garbe nach G fortsetzbar.
2) $\mathcal{N}'$ ist als kohärente Garbe lokal nach G fortsetzbar.
3) $\mathcal{N}'$ ist als kohärente Garbe nach G fortsetzbar.
4) Für jedes $m \in \mathbb{N}$ ist $\operatorname{Var}^m_{(\mathcal{M}|G')}\mathcal{N}'$ als analytische Menge nach G fortsetzbar.

Beweis: 2)$\longrightarrow$3) folgt mit 5.7.

4)$\longrightarrow$1): Nach 5.24 und 5.16 erfüllt $\mathcal{N}'$ die Bedingung 2b) aus 5.19.

Der Beweis zeigt weiterhin, daß folgender Fortsetzungssatz für R-analytische Mengen auch bei beliebigen abgeschlossenen Ausnahmemengen trivialerweise gilt:

Satz 5.26: R erfülle lokal I bezüglich G, und für jedes Primideal $\mathscr{Y} \subset R$ sei Reg $\mathscr{Y}$ zusammenhängend. Wenn $A \subset G$ eine analytische Ausnahmemenge ist, so ist für eine R-analytische Menge $S' \subset G'$ äquivalent:

1) S' ist als R-analytische Menge fortsetzbar.

2) S' ist als analytische Menge fortsetzbar.

In 5.25 und 5.26 ist die Voraussetzung über den Zusammenhang von Reg $\mathscr{Y}$ umgekehrt auch notwendig für die Gültigkeit der Aussagen. Beide Sätze beantworten unsere zu Beginn dieses Paragraphen aufgeworfenen Beispiele 5 und 6 positiv. Somit ist z.B. bei analytischen Ausnahmemengen $A \subset G = \mathbb{C}^n$ jede in G-A lokal algebraische Menge, die als analytische Menge nach G fortsetzbar ist, auch als lokal algebraische Menge nach G fortsetzbar. Für offene Teilmengen $G \subset \mathbb{C}^n$ ist dies natürlich falsch, da dann nicht mehr Reg $\mathscr{Y} \cap G$ zusammenhängend ist.

C) Fortsetzungssätze für kohärente Untergarben

Wenn $\mathscr{M}$ eine kohärente Garbe auf einem Steinschen Raum G ist und $\mathscr{N} \subset \mathscr{M}$ eine kohärente Untergarbe ist, so wird nach Theorem A jede Faser $\mathscr{N}_z$ für jedes $z \in G$ durch Schnitte aus $\Gamma(G,\mathscr{N})$ erzeugt. Wegen $\Gamma(G,\mathscr{N}) \subset \Gamma(G,\mathscr{M})$ ist $\mathscr{N}$ also $M = \Gamma(G,\mathscr{M})$ - kohärent. Folglich ist eine beliebige kohärente Garbe $\mathscr{N}' \subset \mathscr{M}|G'$ auf dem Komplement einer abgeschlossenen Menge $A \subset G$ höchstens dann nach G fortsetzbar, wenn

$\mathcal{N}'$ $\Gamma(G,\mathcal{M})$ - kohärent ist. Da jedes Primideal $\mathfrak{p} \subset R(G)$ eine zusammenhängende Varietät hat, erhält man somit als Folgerung aus Theorem 5.18 folgendem Fortsetzungssatz für kohärente Untergarben $\mathcal{N}' \subset \mathcal{M}|G'$ bei beliebiger abgeschlossener Ausnahmemenge A:

<u>Theorem 5.27:</u> Sei $\mathcal{M}$ eine kohärente Garbe auf einem Steinschen Raum G, $A \subset G$ eine beliebige abgeschlossene Menge. Für eine kohärente Untergarbe $\mathcal{N}' \subset \mathcal{M}|G'$ sind folgende Aussagen äquivalent:

1) $\mathcal{N}'$ ist als kohärente Untergarbe nach G fortsetzbar.

2) a) Für jedes $m \in \mathbb{N}$ ist $\mathrm{Var}^m_{(\mathcal{M}|G')}\mathcal{N}'$ als analytische Menge nach G fortsetzbar.

b) Für jedes Punktepaar $z_1, z_2 \in G'$ existiert ein Untermodul $N \subset \Gamma(G,\mathcal{M})$ mit $N\mathcal{O}_{z_i} = \mathcal{N}'_{z_i}$ für $i=1,2$.

3) a) $\{\mathrm{Var}\,\mathfrak{p};\ \mathfrak{p} \in \mathrm{Ass}_{\Gamma(G,\mathcal{M})}\mathcal{N}'\}$ ist eine in G lokalendliche Familie analytischer Mengen.

b) wie 2b).

Da Reg $\mathfrak{p}$ für jedes Primideal $\mathfrak{p} \subset R(G)$ zusammenhängend ist, kann man nach Theorem 5.25 bei analytischen Ausnahmemengen $A \subset G$ die Bedingung 2b) im letzten Satz dadurch abschwächen, daß man für $\mathcal{N}'$ nur noch $\Gamma(G,\mathcal{M})$ - Kohärenz voraussetzt:

<u>Theorem 5.28:</u> Ist $A \subset G$ eine analytische Menge, so sind für eine kohärente Untergarbe $\mathcal{N}' \subset \mathcal{M}|G'$ folgende Aussagen äquivalent:

1) $\mathcal{N}'$ ist als kohärente Untergarbe nach G fortsetzbar.

2) a) Für jedes $m \in \mathbb{N}$ ist $\mathrm{Var}^m_{(\mathcal{M}|G')}\mathcal{N}'$ als analytische Menge nach G fortsetzbar.

b) Für jedes $z \in G'$ existiert ein Untermodul $N \subset \Gamma(G,\mathcal{M})$ mit $N\mathcal{O}_z = \mathcal{N}'_z$.

3) a) wie 2a)

b) Für jedes $z \in G'$ existiert eine auf G kohärente Untergarbe $\mathcal{N} = \mathcal{N}(z) \subset \mathcal{M}$ mit $\mathcal{N}_z = \mathcal{N}'_z$.

Wenn für alle irreduziblen Komponenten S der Fortsetzung von $\mathrm{Var}^m_{(\mathcal{M}|G')}\mathcal{N}'$ stets $S \cap G'$ zusammenhängend ist, ist 5.28 auch für beliebige Ausnahmemengen A richtig (folgt aus 5.16).

5.28 gestattet es übrigens, das Problem der Fortsetzbarkeit Modulgarben auf die Frage der Fortsetzbarkeit von Untergarben der Garbe $\mathcal{O}^q$ zurückzuführen: Dazu müssen wir 5.28 3b) nachweisen. Für $z \in G'$ hat aber $\mathcal{M}_z$ die Gestalt $\mathcal{M}_z = (m_1,\dots,m_q)\,\mathcal{O}_z$ mit $m_i \in \Gamma(G,\mathcal{M})$. Wenn nun die Untergarbe $\mathcal{R}' \subset \mathcal{O}^q|G'$, definiert durch $\mathcal{R}'_z = \{(o_1,\dots,o_q) \in \mathcal{O}^q_z;\ \sum_1^q o_i m_i \in \mathcal{N}'_z\}$ für $z \in G'$, nach G fortsetzbar ist, ist 3b) erfüllt (und umgekehrt).

Die $\Gamma(G,\mathcal{M})$ - Kohärenz von $\mathcal{N}'$ kann man im letzten Satz noch durch eine schwächere Bedingung ersetzen; es genügt nämlich für die Fortsetzbarkeit von $\mathcal{N}'$ zu fordern, daß 2a) gilt und $\mathcal{N}'$ in allen Punkten einer Teilmenge $T \subset G'$ $\Gamma(G,\mathcal{M})$ - kohärent ist, für die $T \cap \mathrm{Var}\,\mathfrak{y} \neq \emptyset$ für jedes Primideal $\mathfrak{y} \in \mathrm{Ass}_{\Gamma(G,\mathcal{M})}\mathcal{N}'$ gilt. Dafür beweisen wir zunächst folgendes auch für Unterringe formulierbare Lemma:

<u>Lemma 5.29:</u> Sei $A \subset G$ eine analytische Menge und $\mathcal{N}' \subset \mathcal{M}|G'$ eine kohärente Untergarbe. Wenn es eine in G lokalendliche offene Überdeckung $\{U_i;\ i \in I\}$ von G' (d.h. für jedes Kompaktum $K \subset G$ gilt $U_i \cap K \neq \emptyset$ für nur endlich viele $i \in I$) und Moduln $N_i \subset \Gamma(G,\mathcal{M})$ mit $\mathcal{O}N_i|U_i = \mathcal{N}'|U_i$ gibt, so ist $\mathcal{N}'$ nach G fortsetzbar.

<u>Beweis:</u> Sei $z \in G$ und K eine offene, relativ kompakte Umgebung von z. Da es nur endlich viele $i \in I$ mit $U_i \cap K \neq \emptyset$ gibt, ist

$\{(U_i \cap K, N_i);\ i \in I\}$ eine endliche Modulverteilung auf K. Da nach 5.24 $\mathrm{Var}\,\mathfrak{y} \cap G'$ für jedes Primideal $\mathfrak{y} \subset R(G)$ zusammenhängend ist, existiert nach 2.1 ein Untermodul $N \subset \Gamma(G,\mathcal{M})$ mit $N\mathcal{O}_z = \mathcal{N}'_z$ für alle $z \in K \cap G'$. Somit ist $\mathcal{N}'|G' \cap K$ durch $\mathcal{O}N|K$ nach K fortsetzbar. Mit 5.6 folgt dann die Behauptung.

Nach 5.29 ist also eine Untergarbe $\mathcal{N}' \subset \mathcal{M}|G'$ genau dann nach G fortsetzbar, wenn es eine lokalendliche Überdeckung $\{U_i;\ i \in I\}$ von G' gibt, so daß die eingeschränkten Garben $\mathcal{N}'|U_i \subset \mathcal{M}|U_i$ nach G fortsetzbar sind.

Satz 5.3o: Sei $A \subset G$ eine analytische Menge und $\mathcal{N}' \subset \mathcal{M}|G'$ eine kohärente Untergarbe. Dann ist äquivalent:

1) $\mathcal{N}'$ ist als kohärente Untergarbe nach G fortsetzbar.

2) a) Für jedes $m \in \mathbb{N}$ ist $\mathrm{Var}^m_{(\mathcal{M}|G')}\mathcal{N}'$ als analytische Menge nach G fortsetzbar.

   b) Für jedes $m \in \mathbb{N}$ und jede irreduzible Komponente $S \subset G'$ von $\mathrm{Var}^m_{(\mathcal{M}|G')}\mathcal{N}'$ existieren $z \in S$ und $N(z) \subset \Gamma(G,\mathcal{M})$ mit $N(z)\mathcal{O}_z = \mathcal{N}'_z$.

3) a) wie 2a).

   b) Für jedes $m \in \mathbb{N}$ und jede irreduzible Komponente $S \subset G'$ von $\mathrm{Var}^m_{(\mathcal{M}|G')}\mathcal{N}'$ existieren $z \in S$ und dazu eine auf G kohärente Untergarbe $\mathcal{N} = \mathcal{N}(z) \subset \mathcal{M}$ mit $\mathcal{N}_z = \mathcal{N}'_z$.

Beweis: 3)$\longrightarrow$1): Da G ein Steinscher Raum ist, gilt $A = \mathrm{Var}\,\mathfrak{a}$ für ein Ideal $\mathfrak{a} \subset R(G)$. Da es nach 5.7 genügt, die lokale Fortsetzbarkeit von $\mathcal{N}'$ zu zeigen, kann man OE $\mathfrak{a} = (f_1,\ldots,f_n)R(G)$ annehmen. Ist $A_i := \mathrm{Var}(f_i)$, so ist $G-A = \bigcup_{i=1}^{n}(G-A_i)$. Wir können somit nach Lemma 5.29 OE annehmen, daß $G' = G-\mathrm{Var}(f)$ für ein $f \in R(G)$ gilt, also daß G' Steinsch ist. Dann erzeugt $N' := \Gamma(G',\mathcal{N}')$ nach Theorem A $\mathcal{N}'$ über G' und nach 4.1o hat $N' = \bigcap_{i \in I} Q_i$ eine kanonische lokal-endliche Primärzerlegung in $\Gamma(G',\mathcal{M})$. Setzt man nun $M = \Gamma(G,\mathcal{M})$, so gilt $\overline{MR(G')} = \Gamma(G',\mathcal{M})$. Da $Q_i \cap M \subset M$ ein Primärmodul in M ist, ist $\overline{(Q_i \cap M)R(G')} \subset \overline{MR(G')} = \Gamma(G',\mathcal{M})$ nach 4.33 auch primär. Da wegen 4.24 nach 3b) ein Punkt $z_i \in \operatorname{Var} Q_i$ und ein Untermodul $N_i \subset M$ mit $N_i \mathcal{O}_{z_i} = \mathcal{N}'_{z_i} \subset Q_i \mathcal{O}_{z_i}$ existiert, gilt nach 1.17 $R(G')N_i \subset Q_i$, also auch $\mathcal{N}'_{z_i} \subset (Q_i \cap M)\mathcal{O}_{z_i} = \overline{(Q_i \cap M)R(G')}\,\mathcal{O}_{z_i}$. Nun ist aber $\mathcal{N}'$ $\Gamma(G',\mathcal{M})$ - kohärent und $\overline{(Q_i \cap M)R(G')}$ in $\Gamma(G',\mathcal{M})$ primär; folglich gilt nach 2.1o $(Q_i \cap M)\mathcal{O}_z \supset \mathcal{N}'_z$ für alle $z \in G'$. Somit erhält man für alle $z \in G'$:

$$(*) \qquad \mathcal{N}'_z = \bigcap_{i \in I} (Q_i \mathcal{O}_z) \supset \bigcap_{i \in I} ((Q_i \cap M)\mathcal{O}_z) \supset \mathcal{N}'_z .$$

Da $N' = \bigcap_{i \in I} Q_i \subset \Gamma(G',\mathcal{M})$ eine lokalendliche Primärzerlegung ist, folgt aus (*) sofort die $M = \Gamma(G,\mathcal{M})$ - Kohärenz von $\mathcal{N}'$. Mit 5.28 ergibt sich dann die Behauptung.

Nach 5.3o brauchen wir also zur Klärung der Fortsetzbarkeit der Untergarbe $\mathcal{N}' \subset \mathcal{M}|G'$ nur zu prüfen, ob die analytischen Mengen $\operatorname{Var}^m_{(\mathcal{M}|G')}\mathcal{N}'$ fortsetzbar sind und ob sich $\mathcal{N}'_z$ in einer lokalendlichen Menge von Punkten z aus G' durch globale Schnitte erzeugen läßt. Wenn $A = G-G'$ eine beliebige abgeschlossene Ausnahmemenge ist, ist 5.3o bei etwas modifiziertem Beweis noch richtig, wenn zusätzlich als Obervoraussetzung gefordert wird, daß für jede irreduzible Komponente $S \subset G$ der Fortsetzung von $\operatorname{Var}^m_{(\mathcal{M}|G')}\mathcal{N}'$ auch $S \cap G' \subset G'$ irreduzibel ist.

Wir wollen nun untersuchen, inwieweit man die Fortsetzungssätze 5.28 bzw. 5.3o für kohärente Idealgarben $\mathcal{J}' \subset \mathcal{O}|G'$ noch verschärfen kann.

Dabei interessiert uns vor allem die Frage, ob aus der Fortsetzbarkeit aller $\mathrm{Var}^m_{(\mathcal{O}|G')}\mathcal{J}'$ nach G schon die Fortsetzbarkeit von $\mathcal{J}'$ folgt, also ob man in 5.28 bzw. 5.3o auf die R(G)-Kohärenz von $\mathcal{J}'$ verzichten kann. Wenn $\mathcal{J}'$ keine Idealgarbe, sondern eine beliebige Modulgarbe ist, kann diese Voraussetzung natürlich nicht weggelassen werden. Aber selbst für alle Idealgarben $\mathcal{J}'$ ist die Voraussetzung 5.28 2b) bzw. 5.3o 2b) nicht in allen Fällen entbehrlich. Im folgenden beschränken wir nun unsere Untersuchungen auf Mannigfaltigkeiten G; das ist jedoch keine wesentliche Einschränkung, da man z.B. bei analytischen Ausnahmemengen $A \subset G$ und beliebigen Räumen G das Fortsetzungsproblem für $\mathcal{J}'$ in ein entsprechendes Fortsetzungsproblem in einer offenen Menge des $\mathbb{C}^n$ transformieren kann. Im folgenden Satz zeigen wir nun, daß man in bestimmtem Fällen bei analytischen Ausnahmemengen $A \subset G$ auf die R(G)-Kohärenz von $\mathcal{J}' \subset \mathcal{O}|G'$ verzichten kann. Die entscheidenden Hilfssätze haben wir bereits in §4 C) bewiesen, so daß wir hier nur noch vorhandene Resultate zusammenzustellen brauchen:

<u>Theorem 5.31:</u> Sei G eine Steinsche Mannigfaltigkeit, $A \subset G$ eine analytische Ausnahmemenge und $\mathcal{J}' \subset \mathcal{O}|G'$ eine kohärente Idealgarbe mit folgenden Eigenschaften:

a) Für jedes $m \in \mathbb{N}$ ist $\mathrm{Var}^m_{(\mathcal{O}|G')}\mathcal{J}'$ als analytische Menge A_m nach G fortsetzbar.

b) Für jede irreduzible Komponente S von A_m mit $S \cap G' \neq \emptyset$ gilt $\dim S \geq \dim G-1$ oder $\dim S \leq 1$.

Dann ist $\mathcal{J}'$ als kohärente Idealgarbe nach G fortsetzbar.

<u>Beweis:</u> Nach 5.28 genügt es zu zeigen, daß $\mathcal{J}'$ R(G)-kohärent ist. Wie im Beweis zu 5.3o kann man OE G' als Steinsch voraussetzen. Nach 4.1o hat $\Gamma(G',\mathcal{J}') = \bigcap_{i\in I} \mathfrak{q}_i$ dann eine kanonische lokalendliche Primärzerlegung in R(G'). Somit genügt es, $(R(G)\cap \mathfrak{q}_i)\mathcal{O}_z = \mathfrak{q}_i\mathcal{O}_z$ für alle $z\in G'$ und alle $i\in I$ zu zeigen; wir müssen also beweisen, daß die von $\mathfrak{q}_i$ über G' erzeugte Garbe $\mathcal{O}\mathfrak{q}_i|G'$ schon R(G) kohärent ist:

Wenn $\{S_j^m;\ j\in I_m,\ m\in\mathbb{N}\}$ die in G irreduziblen Komponenten von A_m mit $S_j^m\cap G' \neq \emptyset$ sind, so ist $S_j^m\cap G'$ nach 5.24 als analytische Menge in G' irreduzibel. Dann gilt nach 4.24

$\{\mathrm{Var}\,\mathfrak{q}_i;\ i\in I\} = \{S_j^m\cap G';\ j\in I_m,\ m\in\mathbb{N}\}$. Folglich ist für jedes $i\in I$ $\mathrm{Var}\,\mathfrak{q}_i$ durch ein S_j^m als analytische Menge nach G fortsetzbar. Nach 5.3o und Theorem A genügt es dann für die R(G)-Kohärenz von $\mathcal{O}\mathfrak{q}_i|G'$ zu zeigen, daß es ein $z\in\mathrm{Var}\,\mathfrak{q}_i$ mit $(R(G)\cap\mathfrak{q}_i)\mathcal{O}_z = \mathfrak{q}_i\mathcal{O}_z$ gibt. Wenn etwa $z\in\mathrm{Reg}\,\mathfrak{q}_i$ ist, so ist nach 4.29 offenbar $\mathfrak{q}_i\mathcal{O}_z$ in $\mathcal{O}_z$ primär. Nach Voraussetzung b) und 4.18 gilt $\mathrm{cht}(\mathfrak{q}_i\mathcal{O}_z)\leq 1$ oder $\mathrm{ht}(\mathrm{Rad}(\mathfrak{q}_i\mathcal{O}_z))\geq 1$. Dann folgt mit 4.35 die Behauptung.

5.31 besagt: Sind für jedes $z\in G'$ zu dem Ideal $\mathcal{J}'_z\subset\mathcal{O}_z$ nur Primideale $\mathfrak{p}\subset\mathcal{O}_z$ der Höhe $\mathrm{ht}\,\mathfrak{p}\leq 1$ oder der Cohöhe $\mathrm{cht}\,\mathfrak{p}\leq 1$ assoziiert, so ist genau dann die Garbe $\mathcal{J}'$ fortsetzbar, wenn die Mengen $\mathrm{Var}^m_{(\mathcal{O}|G')}\mathcal{J}'$ für $o\leq m<\dim G$ fortsetzbar sind.

Es sei bemerkt, daß dieser Satz ebenso wie Satz 5.3o sich auch auf beliebige Ausnahmemengen $A\subset G$ verallgemeinern läßt, sofern für alle irreduziblen Komponenten S der Fortsetzung von $\mathrm{Var}^m_{(\mathcal{O}|G')}\mathcal{J}'$ auch $S\cap G'\subset G'$ wieder irreduzibel ist. Wie in 5.3o genügte hier nicht die schwächere Voraussetzung, daß $S\cap G'\subset G'$ zusammenhängend ist (vgl. das nach 5.28 Gesagte, wo $S\cap G'$ zusammenhängend genügt).

Aus Theorem 5.31 folgt nun, daß im 3-dimensionalen Fall eine kohärente Idealgarbe $\mathcal{J}'$ nach G fortsetzbar ist, wenn alle $\mathrm{Var}^m_{(\mathcal{O}|G')}\mathcal{J}'$ nach G fortsetzbar sind.

Korollar 5.32: Sei G eine Steinsche Mannigfaltigkeit mit dim $G \leq 3$. $A \subset G$ sei eine analytische Ausnahmemenge und $\mathcal{J}' \subset \mathcal{O}|G'$ eine kohärente Idealgarbe auf G' = G-A. Genau dann ist $\mathcal{J}'$ als kohärente Idealgarbe nach G fortsetzbar, wenn für m = o,1,2 die analytische Menge $\mathrm{Var}^m_{(\mathcal{O}|G')}\mathcal{J}'$ analytisch nach G fortsetzbar ist.

Ist dim $G > 3$, so ist die Fortsetzbarkeit aller $\mathrm{Var}^m_{(\mathcal{O}|G')}\mathcal{J}'$ nicht mehr hinreichend für die Fortsetzbarkeit von $\mathcal{J}'$, wie folgendes Gegenbeispiel im 4-dimensionalen Fall zeigt:

Gegenbeispiel 5.33: Sei $G: = \{z \in \mathbb{C}^4;\ |z_i| < 1\}$, $A = \{z \in \mathbb{C}^4;\ \exists\ i$ mit $z_i = o\}$. Ferner sei $\mathcal{J}' \subset \mathcal{O}|G'$ folgende Idealgarbe auf G' = G-A: $\mathcal{J}' :=$ $= (\mathcal{O}|G') \cdot ((z_1-x_1)^2, (z_2-x_2)^2, (z_1-x_1)(z_2-x_2), (z_1-x_1)+(z_2-x_2)g(z_3,z_4))$, wobei $g(z_3,z_4)$ eine Funktion aus R(G') ist, deren Nullstellenverhalten in einem festen Punkt $x = (x_1,x_2,x_3,x_4) \in G'$ durch keine Funktion aus R(G) beschrieben werden kann. Dann ist $\mathcal{J}'$ nicht nach G fortsetzbar, obwohl jedes $\mathrm{Var}^m_{(\mathcal{O}|G')}\mathcal{J}'$ nach G fortsetzbar ist.

Beweis: Nach 5.45 existiert eine Funktion $g \in R(G')$ mit den angegebenen Eigenschaften. Dann folgt die Behauptung aus dem Beweis zu 4.37.

Aus Theorem 5.31 folgt weiterhin folgendes einfache Fortsetzungskriterium für lokalfreie Idealgarben $\mathcal{J}' \subset \mathcal{O}|G'$:

Korollar 5.34: Sei G eine Steinsche Mannigfaltigkeit, $A \subset G$ eine analytische Ausnahmemenge und $\mathcal{J}' \subset \mathcal{O} | G'$ eine lokalfreie Idealgarbe. Dann sind folgende Aussagen äquivalent:

a) $\mathcal{J}'$ ist nach G fortsetzbar.

b) $\operatorname{Var} \mathcal{J}' := \{z \in G';\ \mathcal{J}'_z \neq \mathcal{O}_z\}$ ist nach G fortsetzbar.

c) Es gibt eine analytische Menge $B \subsetneq G$ mit $B \supset \operatorname{Var} \mathcal{J}'$.

Beweis: Da $\mathcal{J}'$ lokalfrei ist, gilt $\operatorname{Var} \mathcal{J}' = \operatorname{Var}^{o}_{(\mathcal{O}|G')}\mathcal{J}'$ und $\operatorname{Var}^{m}_{(\mathcal{O}|G')}\mathcal{J}' = \emptyset$ für $m \geqslant 1$. Wegen 5.31 genügt es dann, c)$\longrightarrow$b) zu zeigen: Sind $\{S_i;\ i \in I\}$ die irreduziblen Komponenten von B, so ist $S_i \cap G' = \emptyset$ oder $S_i \cap G'$ als analytische Menge in G' irreduzibel. Aus Dimensionsgründen ist dann $\bigcup_{i \in K} S_i \cap G' = \operatorname{Var} \mathcal{J}'$ für eine Teilmenge $K \subset I$. Dann ist $\bigcup_{i \in K} S_i$ eine analytische Fortsetzung von $\operatorname{Var} \mathcal{J}'$.

D) Fortsetzbarkeit von Cousinverteilungen

Ausgangspunkt unserer Überlegungen ist folgendes Problem:
Wenn $G' := \{z \in \mathbb{C}^n;\ 0 < |z_i| < 1 \text{ für alle } 1 \leq i \leq n\}$ ist, so ist bekanntlich für $n \geqslant 2$ nicht jede Cousin-II-Verteilung $\{(U_i, f'_i);\ i \in I\}$ auf G' lösbar (wobei man wegen Lemma 3.3 OE $f'_i \in R(G')$ annehmen kann). Wenn jedoch eine Cousin-II-Verteilung $\{(U_i, f'_i);\ i \in I\}$ auf G' nach $G := \{z \in \mathbb{C}^n;\ |z_i| < 1\}$ fortsetzbar ist, so ist diese durch ein $f \in R(G)$ lösbar, da eben jede Cousin-II-Verteilung auf G lösbar ist. Dann kann man natürlich die Funktionen f'_i aus R(G) annehmen. Es bleiben also nun folgende Fragen: Wann ist eine auf G' gegebene Cousinverteilung nach G fortsetzbar? Welche Aussagen kann man über die Lösbarkeit von Cousinverteilungen $\{(U_i, f_i);\ i \in I\}$ auf G' mit

Funktionen $f_i \in R(G)$ machen? Wann gibt es eine Lösung $f \in R(G)$? Gibt es in diesem Fall eine Lösung $f \in R(G')$?
Wir wollen hier diese Fragen allgemeiner für analytische Unterringe $R \subset R(G)$ behandeln, in denen Cousinverteilungen auf G lösbar sind. Es sei noch bemerkt, daß diese Fragestellungen schon im Ansatz von denen in §3 verschieden sind: In §3 fragten wir nach Kriterien, wann Cousinverteilungen auf G in R lösbar sind; hier suchen wir Kriterien, wann man eine Cousinverteilung auf G' zu einer auf G fortsetzen kann, um dann über die Lösbarkeit der Cousinverteilungen auf G die Lösbarkeit der gegebenen Verteilung auf G' schließen zu können. Wenn eine Cousinverteilung auf G' mit Funktionen aus R nicht nach G fortsetzbar ist, so ist sie natürlich nicht mehr durch eine Funktion aus R oder R(G) lösbar; das besagt aber noch nicht, daß sie nicht durch eine Funktion aus R(G') lösbar ist. Wenn auf G' nämlich alle speziellen Cousinverteilungen $\{(K_i, f_i'); i \in \mathbb{N}\}$ mit $K_i \subset K_{i+1}$ und $R(G') \supset R(G')f_i' \supset R(G')f_{i+1}'$ in $R(G')$ lösbar sind, so werden wir zeigen können, daß dann auch jede Cousinverteilung auf G' mit Funktionen aus R(G) in R(G') gelöst werden kann.
Diese Fragen behandeln wir natürlich jetzt allgemein für beliebige komplexe Steinsche Mannigfaltigkeiten G und offene Teilmengen $G' \subset G$ (wobei G' in einigen Sätzen als das Komplement einer analytischen Menge $A \subset G$ vorausgesetzt wird; ohne diese Obervoraussetzung gelten diese Sätze noch unter der nach 5.31 formulierten Zusatzvoraussetzung).
Wir beginnen mit folgendem wichtigen Fortsetzungssatz für lokalfreie Idealgarben $\mathcal{J}' \subset \mathcal{O}|G'$:

<u>Satz 5.35:</u> R erfülle lokal I bezüglich der Steinschen Mannigfaltigkeit G. Läßt sich eine auf G' gegebene lokalfreie R-kohärente Ideal-

garbe $\mathcal{J}' \subset \mathcal{O}|G'$ als R-kohärente Idealgarbe $\mathcal{J}^* \subset \mathcal{O}|G$ fortsetzen, so läßt sie sich auch als lokalfreie R-kohärente Idealgarbe nach G fortsetzen.

Beweis: Wir werden eine Idealverteilung in R auf G definieren, so daß die dazu assoziierte R-kohärente Idealgarbe $\mathcal{J}$ lokalfrei ist und $\mathcal{J}'$ fortsetzt. Da $\mathcal{J}^*$ R-kohärent ist, gibt es zu jedem $z \in G$ eine kompakte Umgebung $K = K(z)$ von z und ein Ideal $\mathfrak{a}^* = \mathfrak{a}^*(z) \subset R$, so daß $\mathfrak{a}^*\mathcal{O}_x = \mathcal{J}^*_x$ für alle $x \in K$ gilt. Da R_K noethersch ist, hat $\mathfrak{a}^* R_K = \bigcap_{i=1}^{n} \mathfrak{q}_i R_K$ eine endliche Primärzerlegung. Wir setzen nun $\mathfrak{a} = \mathfrak{a}(z) = {\bigcap_{i=1}^{n}}' \mathfrak{q}_i$, wobei der Strich hinter dem Durchschnittszeichen andeuten soll, daß nur über die $\mathfrak{q}_i$ mit $\mathrm{ht}(\mathrm{Rad}\,\mathfrak{q}_i) = 1$ geschnitten werden soll. Dann erfüllt $\{(K(z), \mathfrak{a}(z));\ z \in G\}$ das Gewünschte: Da $\{(K(z), \mathfrak{a}^*(z));\ z \in G\}$ eine Idealverteilung ist und nach dem Eindeutigkeitssatz für Primärzerlegungen die Primärideale zu minimalen Primidealen eindeutig bestimmt sind, ist offenbar $\{(K(z), \mathfrak{a}(z));\ z \in G\}$ eine Idealverteilung in R auf G. Weil R_z nach 1.24 faktoriell ist, ist die dazu assoziierte Garbe $\mathcal{J}$ lokalfrei. Da für $z \in G'$ $\mathcal{J}'_z$ ein Hauptideal ist und R lokal I bezüglich G erfüllt, ist $\mathfrak{a}^* R_z$ ein Hauptideal. Folglich gilt wegen R_z faktoriell für alle Primärideale $\mathfrak{q}_i$ aus der Primärzerlegung von $\mathfrak{a}^* R_K = \bigcap_{i=1}^{n} \mathfrak{q}_i R_K$ mit $z \in \mathrm{Var}\,\mathfrak{q}_i \cap K \cap G'$, daß $\mathrm{ht}(\mathrm{Rad}\,\mathfrak{q}_i) = 1$ ist. Somit ist $\mathfrak{a}^* R_z = \mathfrak{a} R_z$ und deshalb $\mathcal{J}|G' = \mathcal{J}'|G'$.

Folgerung 5.36: R erfülle lokal I bezüglich einer Steinschen Mannigfaltigkeit G. Folgende Aussagen sind dann äquivalent:

a) Jede Cousinverteilung $\{(U_i, f_i);\ i \in I\}$ auf G mit $f_i \in R$ ist durch ein $f \in R$ lösbar.

b) Für jede R-kohärente Idealgarbe $\mathcal{J}$ und für jede offene Teilmenge F des freien Ortes von $\mathcal{J}$ ist $\Gamma(F,\mathcal{J})$ ein freies $\Gamma(F,\mathcal{J})$-Ideal mit einem Element $f \in R$ als Basis.

Beweis: a)$\longrightarrow$b): Nach 5.35 läßt sich $\mathcal{J}|F$ als lokalfreie R-kohärente Idealgarbe nach G fortsetzen. Diese Fortsetzung definiert somit eine Cousinverteilung in R auf G. Nach a) existiert dann ein $f \in R$ mit $\mathcal{J}_z = f\mathcal{O}_z$ für alle $z \in F$. Wegen $\Gamma(F,f\mathcal{O}) = f\Gamma(F,\mathcal{O})$ folgt dann die Behauptung.

Für den vollen Ring R = R(G) folgt ferner:

Korollar 5.37: Folgende Aussagen sind für eine Steinsche Mannigfaltigkeit G äquivalent:

a) $H^2(G,\mathbb{Z}) = 0$

b) Für jede lokalfreie kohärente Idealgarbe $\mathcal{J}$ ist $\Gamma(G,\mathcal{J})$ frei.

c) Für jede kohärente Idealgarbe $\mathcal{J}$ und für jede offene Teilmenge F des freien Ortes von $\mathcal{J}$ ist $\Gamma(F,\mathcal{J})$ frei.

Mit Satz 5.35 erhält man sofort ein Kriterium dafür, wann eine auf G' gegebene Cousinverteilung $\{(U_i,f_i);\ i \in I\}$ mit Funktionen $f_i \in R$ eine Lösung $f \in R$ hat:

Satz 5.38: R erfülle lokal I bezüglich der Steinschen Mannigfaltigkeit G. In R seien alle Cousinverteilungen über G lösbar. Genau dann ist eine auf G' gegebene Cousinverteilung $\{(U_i,f_i);\ i \in I\}$ mit $f_i \in R$ durch ein $f \in R$ lösbar, wenn die zu der Cousinverteilung assoziierte R-kohärente Idealgarbe $\mathcal{J}' \subset \mathcal{O}|G'$ (die durch $\mathcal{J}'_z = f_i\mathcal{O}_z$ für $z \in U_i$ definiert wird) als R-kohärente Idealgarbe nach G fortsetzbar ist.

Mit den Ergebnissen aus Abschnitt B gibt 5.38 einfache Kriterien für die Fortsetzung von Cousinverteilungen. Einige wollen wir hier aufführen:

a) Die auf G' gegebene Cousinverteilung $\{(U_i, f_i);\ i \in I\}$ mit $f_i \in R$ ist genau dann durch ein $f \in R$ lösbar, wenn Var $\mathcal{J}'$ als R-analytische Menge nach G fortsetzbar ist und die Cousinverteilung auf allen Punktepaaren $z_1, z_2 \in G'$ durch ein $f = f(z_1, z_2) \in R$ lösbar ist (folgt aus 5.18, da für alle $\mathcal{Y} \in \mathrm{Ass}_R\, \mathcal{J}'$ stets Höhe $\mathcal{Y} = 1$ und damit wegen 3.4 auch Var $\mathcal{Y}$ zusammenhängend ist).

b) Wenn A = G-G' eine R-analytische Ausnahmemenge ist, brauchen wir in a) statt der R-analytischen Fortsetzbarkeit von Var $\mathcal{J}'$ nur die Fortsetzbarkeit als analytische Menge zu fordern (folgt aus 5.21).

c) Wenn sogar Reg $\mathcal{Y}$ zusammenhängend für alle $\mathcal{Y} \in \mathrm{Ass}_R\, \mathcal{J}'$ ist und A = G-G' eine analytische Ausnahmemenge ist, so ist unsere auf G' gegebene Cousinverteilung genau dann durch ein $f \in R$ lösbar, wenn Var $\mathcal{J}'$ als analytische Menge nach G fortsetzbar ist (folgt aus 5.25).

Diese letzte Aussage wollen wir für R = R(G) noch extra formulieren (zum Beweis muß hier noch 5.34 herangezogen werden).

<u>Folgerung 5.39:</u> Sei G eine Steinsche Mannigfaltigkeit mit $H^2(G, \mathbb{Z}) = 0$, $A \subset G$ eine analytische Ausnahmemenge und $\{(U_i, f_i^!);\ i \in I\}$ eine Cousin-II-Verteilung auf G' = G-A. Dann sind folgende Aussagen äquivalent:

a) $\{(U_i, f_i^!);\ i \in I\}$ ist durch ein $f \in R(G)$ lösbar.

b) Die durch $\{(U_i, f_i^!);\ i \in I\}$ auf G' definierte Idealgarbe $\mathcal{J}' \subset \mathcal{O}|G'$ ist nach G fortsetzbar.

c) Var $\mathcal{J}'$ ist als analytische Menge nach G fortsetzbar.

d) Es gibt eine analytische Menge $B \subsetneq G$ mit Var $\mathcal{J}' \subset B$.

Wenn $H^2(G,\mathbb{Z}) = 0$ ist, G' das Komplement einer analytischen Menge in G ist und wenn $\{(U_i,f_i);\ 1\leq i\leq m\}$ eine endliche Cousinverteilung auf G' mit $f_i \in R(G)$ ist, so ist diese nach Lemma 5.29 und Folgerung 5.39 immer durch ein $f \in R(G)$ lösbar; das ist insofern beachtenswert, da es im allgemeinen schon endliche Cousinverteilungen $\{(U_i,f_i');\ 1\leq i\leq m\}$ auf G' mit $f_i' \in R(G')$ gibt, die auf G' nicht lösbar sind (vgl. 3.24).

Insbesondere folgt aus 5.39, daß bei zusätzlich Steinschem G' ein Primideal $\mathfrak{P}' \subset R(G')$ der Höhe 1 genau dann von der Form $\mathfrak{P}' = gR(G')$ mit $g \in R(G)$ ist, wenn es eine Funktion $f \in R(G)$ mit $G' \supsetneqq G' \cap \mathrm{Var}\, f \supset \mathrm{Var}\, \mathfrak{P}'$ gibt. Insbesondere ist jedes Primideal $\mathfrak{P}' \subset R(G')$ der Höhe 1, das ein $f \in R(G) - \{0\}$ enthält, dann schon Hauptideal. Daraus folgt:

<u>Korollar 5.4o:</u> G sei eine Steinsche Mannigfaltigkeit mit $H^2(G,\mathbb{Z}) = 0$. $G' \subset G$ sei ein Steinscher Unterraum der Form $G' = G-A$, wobei $A \subset G$ analytisch ist. Wenn eine Funktion $f' \in R(G')$ in $R(G')$ irreduzibel ist und sich f' nach G fortsetzen läßt, so ist f' in R(G') Primelement.

Umgekehrt ist jedes Primelement $p \in R(G)$ auch prim in R(G'); dann erhält man mit 3.3o für einfach zusammenhängende G:

<u>Korollar 5.41:</u> G sei eine einfach zusammenhängende Steinsche Mannigfaltigkeit mit $H^2(G,\mathbb{Z}) = 0$. $G' \subset G$ sei ein Steinscher Unterraum, so daß $A = G-G'$ eine analytische Menge in G ist. Dann hat jedes Element $f' \in R(G')$, das sich holomorph nach G fortsetzen läßt, eine kompakt gleichmäßig konvergente Produktdarstellung $f' = \prod_{i=1}^{\infty} p_i'$ mit Primelementen $p_i' \in R(G')$, und diese p_i' sind eindeutig bestimmt.

Nach 5.41 hat also bei $G' = \{z \in \mathbb{C}^n;\ 0 < |z_i| < 1$ für alle $1 \leq i \leq n\}$ jedes $f' \in R(G')$, das holomorph in die Einheitskugel fortgesetzt werden kann, eine Produktdarstellung durch Primelemente aus $R(G')$. Bemerkenswert dabei ist, daß nicht jedes $f' \in R(G')$ eine solche Darstellung hat: Denn in $R(G')$ sind die speziellen Cousinverteilungen $\{(K_i, f_i);\ i \in \mathbb{N}\}$ mit $K_i \subset K_{i+1} \subset G'$ und $R(G')f_i' \supset R(G')f_{i+1}'$ lösbar; dann muß es bei $n \geq 2$ nach 3.11 irreduzible Elemente in $R(G')$ geben, die nicht Primelemente sind; diese irreduziblen Elemente aus $R(G')$ haben dann natürlich nicht eine solche Produktdarstellung mit Primelementen.

Wir wollen nun die zweite Frage untersuchen: Hat jede Cousinverteilung $\{(U_i, f_i);\ i \in I\}$ auf G' mit $f_i \in R(G)$ eine Lösung in $R(G')$? Es ist klar, daß eine solche Cousinverteilung im allgemeinen keine Lösung in $R(G)$ haben kann. Folgender Hilfssatz, der ebenso wie 5.43 und 5.44 auch für Unterringe $R \subset R(G)$ formuliert werden kann, zeigt nun, daß man jede solche Cousinverteilung aber noch auf jedem Kompaktum $K' \subset G'$ durch ein $f \in R(G)$ lösen kann (dabei heiße $\mathfrak{y} \subset R$ zu der Cousinverteilung $\{(U_i, f_i);\ i \in I\}$ assoziiert, wenn $\mathfrak{y}$ zu der durch $\mathcal{J}_z' = f_i \mathcal{O}_z$ für $z \in U_i$ definierten R-kohärenten Idealgarbe $\mathcal{J}'$ assoziiert ist).

<u>Lemma 5.42:</u> Sei G eine Steinsche Mannigfaltigkeit mit $H^2(G, \mathbb{Z}) = 0$. $\{(U_i, f_i);\ i \in I\}$ sei eine Cousinverteilung auf $G' = G - A$ mit $f_i \in R(G)$. Wenn $\mathrm{Var}\,\mathfrak{y} \cap G'$ für alle zu der Cousinverteilung assoziierten Primideale $\mathfrak{y} \subset R(G)$ zusammenhängend ist, so gibt es zu jedem Kompaktum $K' \subset G'$ ein $f \in R(G)$ mit $f\mathcal{O}_z = f_i \mathcal{O}_z$ für alle $z \in U_i \cap K'$ und alle $i \in I$.

<u>Beweis:</u> Bezeichne wieder mit $\mathcal{J}'$ die zu der Cousinverteilung assoziierte Garbe. Nach 2.11 existiert ein Ideal $\mathfrak{a} \subset R(G)$ mit $\mathfrak{a}\mathcal{O}_z = \mathcal{J}_z'$

für alle $z \in K'$, da 2.11 offenbar auch richtig ist, wenn $R(G) \subset R(G')$ nicht dicht liegt. Somit gibt es in unserem Fall eine auf G definierte Idealgarbe $\mathcal{J} \subset \mathcal{O}|G$ mit $\mathcal{J}_z = \mathcal{J}'_z$ für alle $z \in K'$. Nach 5.36 existiert dann ein $f \in R(G)$ mit $f\mathcal{O}_z = f_i\mathcal{O}_z$ für alle $z \in U_i \cap K'$ für alle $i \in I$.

Wenn in R(G') nun alle speziellen Cousinverteilungen $\{(K'_i, f'_i);\ i \in \mathbb{N}\}$ mit $K'_i \subset K'_{i+1}$ und $R(G')f'_i \supset R(G')f'_{i+1}$ lösbar sind, so folgt mittels 3.6 aus 5.42:

<u>Satz 5.43:</u> Sei G eine Steinsche Mannigfaltigkeit mit $H^2(G,\mathbb{Z}) = 0$. $G' = G-A$ sei eine offene Teilmenge, so daß alle speziellen Cousinverteilungen in R(G') lösbar sind. Wenn $\{(U_i, f_i);\ i \in I\}$ eine Cousinverteilung auf G' mit $f_i \in R(G)$ ist, so daß für alle zu der Cousinverteilung assoziierten Primideale $\mathfrak{p} \subset R(G)$ stets $\mathrm{Var}\,\mathfrak{p} \cap G'$ zusammenhängend ist, so existiert eine Lösung $f' \in R(G')$ dieser Cousinverteilung.

<u>Folgerung 5.44:</u> Sei G eine Steinsche Mannigfaltigkeit mit $H^2(G,\mathbb{Z})=0$. Weiter sei $A \subset G$ eine analytische Ausnahmemenge, so daß auf $G' = G-A$ in R(G') alle speziellen Cousinverteilungen lösbar sind. Dann ist jede Cousinverteilung $\{(U_i, f_i);\ i \in I\}$ auf G' mit $f_i \in R(G)$ durch ein $f' \in R(G')$ lösbar.

Es ist klar, daß dieser Satz falsch ist, wenn die f_i nur aus R(G') sind. Wie schon in §3 bemerkt, ist nämlich die Lösbarkeit aller speziellen Cousinverteilungen in R(G') echt weniger als $H^2(G',\mathbb{Z}) = 0$. Das demonstriert auch noch einmal folgendes Beispiel, in dem die

Lösbarkeit aller speziellen Cousinverteilungen in R(G') sich wegen der einfachen topologischen Struktur von G' unmittelbar nachrechnen läßt.

<u>Beispiel 5.45:</u> Sei $G' := \{z \in \mathbb{C}^n,\ 0 < |z_i| < 1$ für alle $1 \leq i \leq n\}$. Dann ist jede Cousinverteilung $\{(U_i, f_i);\ i \in I\}$ auf G' mit in der offenen Einheitskugel G holomorphen Funktionen f_i durch ein $f \in R(G')$ lösbar.

Natürlich kann auch bei $f_i \in R(G)$ im allgemeinen die Lösungsfunktion f nicht aus R(G) gewählt werden.
Zum Schluß erwähnen wir noch, daß **alle** Sätze dieses letzten Abschnittes auf rein 1-codimensionale analytische Mengen angewandt werden können. Z.B. zeigt 5.45, daß eine analytische Menge $S \subset G'$, die lokal durch eine Funktion aus R(G) definiert werden kann, global durch eine Funktion aus R(G') dargestellt wird. Ferner erhalten wir bei $n \geq 2$ mit 5.45 einen durch eine Funktion $f' \in R(G')$ in einem Punkt $z_0 \in G'$ definierten regulären (n-1)-dimensionalen Mengenkeim, so daß jede Funktion $f \in R(G)$, die auf diesem Mengenkeim verschwindet, schon identisch auf G verschwindet.

L i t e r a t u r

1 Forster, O.: Primärzerlegung in Steinschen Algebren. Math. Ann. 154, 3o7-329 (1964).

2 Forster, O.: Zur Theorie der Steinschen Algebren und Moduln. Math. Z. 97, 376-4o5 (1967).

3 Grauert, H., Remmert, R.: Analytische Stellenalgebren. Grundlehren der Mathematik, Bd. 176, Berlin-Heidelberg-New York, Springer-Verlag (1971).

4 Grauert, H., Remmert, R.: Komplexe Räume. Math.Ann. 136, 245-318 (1958).

5 Gunning, R.C., Rossi, H.: Analytic functions of several complex variables. Englewood Cliffs, N.J.: Prentice Hall 1965.

6 Hörmander, L.: An introduction to complex analysis in several variables. Princeton: Van Nostrand 1966.

7 Knopp, K.: Theorie und Anwendung der unendlichen Reihen. Berlin-Göttingen-Heidelberg-New York, Springer-Verlag (1964).

8 Langmann, K.: Konstruktion globaler Moduln und Anwendungen. Math. Z. 127, 235-255 (1972).

9 Lindel, H.: Normale nicht perfekte Räume. Schriftenreihe des Math. Inst. d. Univ. Münster, Heft 37 (1967).

1o Nagata, M.: Local Rings. Interscience, New York (1962).

11 Narasimhan, R.: Introduction to the theory of analytic spaces. Lecture Notes 25, Berlin-Heidelberg-New York, Springer-Verlag (1966).

12 Nastold, H.-J.: Neuere Methoden in der lokalen Algebra. Vorlesungsnachschrift Münster (1966).

13 Nastold, H.-J.: Algebraische Geometrie. Vorlesungsnachschrift, Münster (1966).

14 Remmert, R., Stein, K.: Über die wesentlichen Singularitäten analytischer Mengen. Math. Ann. 126, 263-3o6 (1953).

15 Schilling, O.F.G.: Ideal theory on open Rieman surfaces. Bull. Amer. Math. Soc. 52, 945-963 (1946).

16 Serre, J.-P.: Algèbre locale, Multiplicités. Springer Lecture Notes 11, Springer-Verlag (1965).

17 Siu, Y.-T., Trautmann, G.: Gap-sheaves and extension of coherent analytic subsheaves. Springer Lecture Notes 172, Springer-Verlag (1971).

18 Stein, K.: Analytische Funktionen mehrerer komplexer Variablen und das 2. Cousinsche Problem. Math. Ann. 123, 2o1-222 (1951).

19 Thimm, W.: Lückengarben von kohärenten analytischen Modulgarben. Math. Ann. 148, 372-394 (1962).

2o Thimm, W.: Fortsetzbarkeit von kohärenten analytischen Modulgarben. Math. Ann. 184, 329-353 (197o).

21 Trautmann, G.: Abgeschlossenheit von Corandmoduln und Fortsetzbarkeit analytischer Garben. Invent. math. 5, 216-27o (1968).